FÜR MEINEN
LIEBLINGSVULKAN
MANUK

ULLA LOHMANN

VULKAN MENSCHEN

— ▲ —

VOM LEBEN
MIT NATURGEWALTEN

KNESEBECK

INHALT

Seit meiner Kindheit lässt mich der Traum von der Reise zum Mittelpunkt der Erde nicht los. Mehr als zwanzig Jahre später konnte ich ihn – nach vielen Rückschlägen – umsetzen. Gemeinsam mit meinem Mann und einem befreundeten Vulkanologen seilten wir uns als erste Menschen der Welt 600 Meter tief in den Benbow-Vulkan in der Südsee ab.

Auf dem langen Weg, meinen Traum zu realisieren, habe ich viel gelernt – nicht nur über Vulkane, sondern auch über Menschen. Fast überall auf der Erde leben sie in unmittelbarer Nähe der Feuerspucker, um von der fruchtbaren Erde zu profitieren.

Wie lebt es sich mit dem Tod vor der Haustür? Weltweit konnte ich eine besondere Lebensauffassung dieser Vulkanmenschen feststellen: Eine tiefe Verwurzelung mit der Natur, eine bedingungslose Akzeptanz der Geschehnisse, eine ganz besondere Lebensfreude. Der Glaube an die Magie des Lebens und daran, dass das Leben ein großes Geschenk ist, das man jeden Tag aufs Neue genießen darf.

Die Vulkanmenschen haben mich nicht mehr losgelassen, und so ist die Idee zum vorliegenden Buch entstanden. Ich möchte meine Faszination für die Urkraft der Erde mit euch teilen und euch neugierig machen, die Welt aus anderen Blickwinkeln zu sehen.

Ich möchte euch einladen, das Leben zu er-Leben. Don't dream it – do it!

VANUATU

DUNKLE MÄCHTE IM SÜDSEEPARADIES

AMBRYM – VULKANFLÜSTERER UND SCHWARZE MAGIE

Vanuatu – das Land, das viele noch nicht einmal kennen, liegt paradiesisch in der Südsee, hält aber einen traurigen Rekord. Seit Jahren führt es immer wieder die Liste des Weltrisikoindex an: Von allen Ländern der Welt ist es am meisten durch Naturkatastrophen bedroht. Zyklone fegen über die 83 Inseln hinweg, riesige Flutwellen löschen ganze Dörfer aus, Erdbeben lassen das Land erzittern und irgendwo stiftet immer einer der vielen Vulkane Unruhe.

VORHERIGE DOPPELSEITE: In Vanuatu brodelt die Erde. Wir wollen als erste Menschen der Welt 600 Meter tief in den Schlot des Benbow absteigen, der von außen betrachtet wie eine glühende Feuerfackel aussieht.

LINKE SEITE OBEN: Auf der Insel Ambrym glüht der Himmel. Dort, wo Vanuatu liegt, treffen die pazifische und australische Platte aufeinander. Wie Perlen verteilen sich 83 Inseln über 1300 Kilometer im Pazifik.

LINKE SEITE UNTEN: Gedeon bei der Taufzeremonie seiner Tochter. Er benannte sie nach mir, da ich ihn ermutigte, den Lavasee des Benbow nicht nur vor seinem geistigen Auge, sondern auch in Realität zu sehen.

Die meisten der knapp 300 000 Bewohner leben die Traditionen ihrer Vorfahren. Sie glauben an eine Welt, in der Geister, Mythen, Ahnenkulte und dunkle Mächte lebendig sind. So ist es normal, dass man einen Vulkanflüsterer im Dorf hat und an schwarze Magie glaubt.

In Vanuatu sind die Vulkane Sitz der Götter, die in geheimen Ritualen gehuldigt und angebetet werden. Für mich sind sie so etwas wie die Schicksalsberge. Vor allem der Benbow auf der Insel Ambrym. Dort ist der Ort, an dem ich mit 19 Jahren zum ersten Mal in meinem Leben Lava sehen durfte. Doch anstatt von dem Anblick überwältigt und wunschlos glücklich zu sein, war das nur der Beginn eines viel größeren Traumes: Ich wollte der erste Mensch sein, der unten am Rand des brodelnden Lavasees steht, wo vorher noch keiner war. Viele Jahre später und mit Hilfe meiner einheimischen Freunde gelang mir die Realisierung meines Traumes, was auch mein beruflicher Durchbruch werden sollte. Hier am Benbow habe ich auch alle meine (Ex-) Freunde getestet und im Vulkan meinen Heiratsantrag bekommen. Undenkbar für die Einheimischen. Nicht der Antrag, sondern der Abstieg in den Feuerschlot. Sie meiden das bis 1400 Meter hoch aufra-

OBEN: In einem Land vor unserer Zeit. Ambrym ist vor knapp 2000 Jahren während einer riesigen Explosion entstanden, die zu den stärksten Eruptionen der vergangenen 10 000 Jahren zählt. Dabei wurden 70 Kubikkilometer Material ausgeschleudert, aus dem die heutige Insel besteht, ein riesiger Schildvulkan.

gende Inselinnere mit seinen brodelnden Lavaseen. Aus gutem Grund: Bis vor kurzem gab es hier vier aktive Schlote, die Ambrym zum einzigen Ort der Welt machten, wo man so viel Lava dicht beieinander sehen konnte.

»HIER GLAUBEN ALLE AN GEISTER. ICH BIN IN EINER WELT AUS WISSENSCHAFTLICHEN FAKTEN AUFGEWACHSEN. DAMIT KOMME ICH NICHT WIRKLICH WEITER. ICH MUSS LERNEN ZU AKZEPTIEREN, DASS ES HIER ANDERS IST.«

TAGEBUCH

Auf der Insel leben 7000 Menschen auf einer Fläche fast so groß wie Hamburg mit knapp zwei Millionen Einwohnern, aber es gibt keine einzige Straße und noch nicht einmal einen Fußweg, der um die Insel führt. Wenn sie die Nachbarn im anderen Dorf besuchen möchten, müssen die Menschen entweder ein Boot nehmen oder durch die Caldera laufen, die kesselförmige Vertiefung mit ihren aktiven Schloten in der Inselmitte. Die ganze Insel besteht mehr oder weniger aus dem gleichnamigen Vulkankomplex. Ambrym war bis vor kurzem eines der Vulkansysteme, das weltweit am meisten Treibhausgase ausgestoßen hat. Im Moment ruht der Vulkan. Das heißt aber nicht, dass der Glaube der Einheimischen auch Pause hat. Das Leben ist von Ritualen rund um den Vulkan geprägt.

Wenn der Yams am Reifen ist, wird eine Seite des Vulkans für den Aufstieg gesperrt. Zum Erntefest der kartoffelähnlichen Knolle wird der Weg geöffnet und Bewohner von den anderen Dörfern können sich wieder gegenseitig besuchen. Man munkelt, dass jede Frau in dieser Zeit jeden Mann nehmen kann, den sie möchte – oder auch gleich mehrere hintereinander … Falls sie ein Kind bekommt, wird das vom Ehepartner als sein eigenes anerkannt und großgezogen. So wird der Genpool der kleinen Insel durchmischt. Das Fest wird mit Tam-Tams angekündigt. Man trommelt auf den Bauch von wunderschön geschnitzten Figuren aus Baumfarn, die in der Nassera stehen, einem geheimen Ort, der nur der Männerwelt vorbehalten ist und in

LINKS: In Vanuatu bauen die Kinder keine Sandburgen, sondern Sandvulkane. Dieser hier wird mit Frangipani-Blüten dekoriert, damit die Vulkangeister es schön haben und keinen sauren Regen schicken, der die Ernte zerstören könnte. Die übersinnliche Welt gehört zum alltäglichen Leben dazu.

dem man in komplizierten Ritualen mit dem Vulkan kommuniziert. Ohnehin ist das etwas schwierig mit der Kommunikation auf Ambrym. Dadurch, dass man sich aufgrund der Topografie so wenig austauschen konnte, gibt es heute vier verschiedene Sprachen auf der kleinen Insel. Vanuatu ist das Land mit der höchsten Sprachendichte der Welt: Pro 2700 Einwohner gibt es eine Sprache. Zumindest auf Ambrym herrschen kaum Verständigungsschwierigkeiten, da man sich aufgrund von Sandzeichnungen austauschen kann. Beim Erstellen der komplexen Figuren, die auch als Weltkulturerbe von der UNESCO geschützt sind, streut man weiße Asche in den schwarzen Vulkansand und macht eine Zeichnung, ohne den Finger abzusetzen. Für manche Bilder braucht man mehr als zehn Minuten. Zum Beispiel gibt es ein Zeichen, das ich leider nicht verraten darf, das aber dazu dient, um in das Reich der Toten zu reisen. Im Glauben der Einheimischen liegt das im Vulkan. Nur wenige Bewohner Ambryms haben die Vulkane je aus der Nähe gesehen. Ich selbst habe meinen ersten Lavasee gemeinsam mit Jimmy erblickt. Der mittlerweile über 70-jährige Hüne mit dem Hinkefuß hat mir 1999 den Lavasee des Benbow gezeigt, »die Lavataufe« hat er es genannt. Ein Moment, der meine Welt und mein Werden verändert hat. Seitdem bin ich ein Teil seiner Familie geworden – und darf die Ehre der »Lavataufe« auch weitergeben. Ich werde nie vergessen, als ich dem jungen Gideon aus Endu, dem Dorf auf der anderen Seite der Insel, zum ersten Mal den Lavasee zeigte. Zitternd stand Gideon am Rand des Vulkans und traute sich nicht nach unten. Barfuß, ohne Jacke, voller Aufregung, der Kälte schutzlos ausgeliefert. Trotzdem vertraute er mir und folgte mir 200 Meter nach unten in den Krater. Er hatte Tränen in den Augen, als

RECHTE SEITE OBEN: Mit einem lauten Singsang, im Nebel auf- und abspringend, streckt Masine dem Himmel die Hände entgegen: der Regenmacher bei der Arbeit. Nachdem wir wochenlang in der Nässe warten mussten, glaube ich endlich den Einheimischen und lasse eine Regenzeremonie durchführen. Kurz darauf zeigt sich die Sonne.

RECHTE SEITE UNTEN: Die Sandzeichnungen sind nicht nur eine Art der Kommunikation auf einer Insel, auf der 7000 Einwohner vier verschiedene Sprachen sprechen, sondern auch ein Weg, mit den Geistern zu reden. Rosa zeichnet die Schildkröte, eines der einfachsten Symbole, das auch sie als Frau kennen darf.

RECHTS: Der magische Stab. Damit hielt schon ZakZaks Großvater den Lavastrom auf und rettete so mehrere Dörfer. Heute ist sein Enkel Vulkanflüsterer und hat nicht nur den knorrigen Ast geerbt, sondern auch das Wissen, den Vulkan ganz genau zu beobachten und zu interpretieren.

er zum ersten Mal den Lavasee erblickte. Ich weiß noch genau, wie er meine Hand festhielt und sie wie im Schraubstock drückte. Vor Rührung, vor Angst, vor Liebe dem Leben gegenüber? Wahrscheinlich alles auf einmal. Kurz darauf wurde er Vater einer Tochter und nannte sie nach mir. Gideon möchte, dass seine Ulla auch so groß und stark wird wie die deutsche Ulla. Ich bin sicherlich nicht besonders groß und weiß auch nicht, ob ich außergewöhnlich stark bin, aber später gelang mir mit Hilfe von Gideon und Jimmy das, wovon ich mehr als zehn Jahre träumte: Gemeinsam mit meinem Mann Basti und dem Vulkanologen Thomas Boyer waren wir die ersten Menschen, die sich 600 Meter tief in den Benbow abseilten.

Der Franzose Thomas Boyer lebt in Vanuatu und hat sein Leben den Vulkanen gewidmet. Er erforscht die noch immer kaum überwachten Feuerberge und arbeitet eng mit dem vulkanologischen Observatorium des Landes zusammen. In Vanuatu muss man noch viel Aufklärung leisten, der Bildungsstand ist nicht besonders hoch. Ein Viertel der über 15-Jährigen sind Analphabeten. Thomas Boyer leitet auch ein Vulkanmuseum mit zwei Standorten, um vor allem den Schulkindern ihre Vulkane näher zu bringen. In Vanuatu trifft Aber-

OBEN: Vulkanologe Thomas Boyer und Alpinist Basti Hofmann beim Abendessen, 200 Meter tief im Benbow-Vulkan. Es gibt Fertignudeln, gewürzt mit einer Prise Gas. Wir müssen aufpassen, dass uns das tödliche Kohlenmonoxid nicht im Schlaf überrascht, und deswegen abwechselnd Wache schieben.

»DIE ERDE BEBT UND ZITTERT. DIE GASE BRENNEN IN DEN AUGEN, ICH BEKOMME UNTER DER GASMASKE SCHLECHT LUFT. ABER ICH FÜHLE MICH IM BAUCH DES VULKANS GEBORGEN UND WERDE JETZT BESTIMMT GUT SCHLAFEN KÖNNEN.«

TAGEBUCH

glaube auf Wissenschaft. Traditionell hat man andere Möglichkeiten, mit dem Vulkan zu reden und ein Vulkanausbruch vorherzusagen. Im Falle einer Evakuierung, die von den Wissenschaftlern ausgeht, kann das aber zu großen Konflikten führen. Deswegen setzt sich Thomas, der mit einer Einheimischen verheiratet ist und eine kleine Tochter hat, sehr stark für die Bildung der Menschen vor Ort ein.

Dazu dienen auch meine Aufnahmen vom Herzen der Erde, aber ich bin mir sicher, die Menschen haben das schon längst vor ihrem inneren Auge gesehen und kennen die Macht der Vulkane oft besser als wir mit unseren wissenschaftlichen Methoden. Wie sonst könnte ZakZak seine Arbeit verrichten? Er ist Vulkanflüsterer und kann, wie auch schon seine Vorfahren, Vulkanausbrüche vorhersagen. Er besitzt den magischen Stock seines Opas, mit dem auch schon sein Vater einen Lavastrom aufgehalten und somit das Dorf gerettet hat. Glaube ich an solche Dinge? Ich habe gelernt, vieles zu akzeptieren und nicht zu hinterfragen. Und außerdem gibt es Menschen, die die Natur ganz genau beobachten. Und ihre Magie spüren.

LINKS: Um sich der Lava zu nähern, muss sich Basti mit einem Spezialanzug vor der Hunderte von Grad heißen Strahlung schützen. Es ist beschwerlich, sich darin fortzubewegen und durch das Visier die Unebenheiten des Bodens zu erkennen. Ich habe große Angst, dass Basti im See landet. Der Anzug schützt auch nicht vor Spritzern der frischen Lava.

RECHTS: Zur Feier des Tages hat sich Francis eine Hibiskusblüte hinter das Ohr gesteckt, seinen Federschmuck aus Hühnerfedern angelegt und etwas Farbe auf sein Gesicht aufgetragen. Heute wird in der Nassara, dem geheimen Männerort, getanzt. In Vanuatu schmücken sich auch die Männer gerne.

DIESE DOPPELSEITE: Um die Bilder dieses Tanzes im Buch zeigen zu dürfen, benötigte ich eine besondere Erlaubnis. Die Männer von Ambrym müssen sichergehen, dass keine Unbefugte die Zeremonie zu Gesicht bekommt. Manche Tänze sind nur Männern vorbehalten und die Nassaras nicht für Frauen zugänglich.

Auch das Schnitzen der Tam-Tams ist nur für initiierte Männer. Diese Ahnenfiguren sind typisch für Ambrym. Je mehr Köpfe ein Tam-Tam hat, desto ranghöher der Künstler. Man braucht jedoch eine spezielle Erlaubnis, die Figur herzustellen – sonst stirbt man. Ambrym ist auch das Zuhause von schwarzer Magie.

RECHTS: Auf der Insel Pentecoast springen die Männer von bis zu 30 Meter hohen Bambusgerüsten. Die Liane an ihren Füssen müssen sie selbst aussuchen, denn ihre Elastizität entscheidet über Leben und Tod. Das Ritual dient wahrscheinlich dazu, die Götter um eine gute Yams-Ernte anzubeten. Und dazu, die Mädels zu beeindrucken.

DIESE DOPPELSEITE: Den Abstieg in den Benbow-Vulkan haben wir in drei »Terrassen« eingeteilt, auf denen man bequem stehen und auf der ersten Stufe sogar zelten kann. Dazwischen liegen Hunderte von Metern mit teils überhängenden Abseilstellen. Nach mehr als zehn Jahren und unzähligen Hürden stehe ich am Lavasee. Es ist unbeschreiblich, dass sich mein Traum nach so langer Zeit endlich verwirklicht hat und ich ins offene, pulsierende Herz der Erde schauen kann. Ich könnte ewig hier sitzen und schauen.

»DER ANBLICK DES SEES IST DAS FASZINIERENDSTE, WAS ICH JE GESEHEN HABE. ICH BIN EIN WINZIG KLEINER PUNKT INMITTEN DIESER URGEWALT. HIER LERNT MAN EHRFURCHT VOR DER ERDE, VOR DEM, WAS EINEN UMGIBT, WAS MAN SICH NICHT ERKLÄREN KANN.«

TAGEBUCH

YASUR – WO DIE AMERIKANER GÖTTER SIND

Auf der Insel Tanna, am Fuße des Yasur-Vulkans werden – vereinfacht gesagt – die US-Amerikaner als Götter angebetet. Jeden Morgen gibt es einen Flaggenappell und man hisst die US-amerikanische Flagge. Einmal in der Woche wird die ganze Nacht zu Liedern, die dem amerikanischen Gott gelten, getanzt. Und einmal im Jahr findet ein großer Marsch statt, bei dem Bambusgewehre geschultert werden und original USA-Uniformen zum Einsatz kommen. Das ganze Jahr über werden sie in Plastik verhüllt im »Headquarter« aufbewahrt, wo auch andere Insignien des Kultes stehen, wie ein rotes Kreuz, ein Adler und ein aufblasbarer Globus.

VORHERIGE DOPPELSEITE: Ich sehe den Lavafontänen zu und schreibe in mein Tagebuch: »Ganz leise bedanke ich mich beim Vulkan und bei seiner magischen Kraft, dass ich meine Träume leben darf.«

LINKE SEITE OBEN: »Rührt euch! Rechts um! Im Gleichschritt – marsch!« So ertönen die Befehle im Dorf Lamakara. Zu Ehren des Gottes, der im Vulkan wohnen soll, wird gefeiert und einmal im Jahr marschiert.

LINKE SEITE UNTEN: Dabei wird – wie jeden normalen Tag auch – die US-amerikanische Flagge gehisst. Der Gott heißt »John Frum« und soll ein US-Amerikaner gewesen sein, der die Rückkehr zu alten Traditionen predigte.

In unseren Augen erscheinen diese Rituale merkwürdig – aber im Stammesgefüge haben sie alle ihre Berechtigung und sind oft ein Symbolbild für die Mächte der Natur. Nach den Vorstellungen der John-Frum-Anhänger, immerhin mehr als 20 Prozent der Bevölkerung Tannas, ist der Vulkan Yasur der Ursprung der Welt. In seinem Krater wohnt der Sohn Gottes. Chief Issak Wan Nekiau sagte einmal zu mir: »Auch ihr betet merkwürdige Dinge an, wie zum Beispiel euer Handy.« Irgendwie hat er Recht. Aber wie kam es zu diesem sogenannten »John-Frum-Kult« und was hat es damit auf sich?

Der mündlich überlieferten Geschichte nach ist John Frum in den 1930er-Jahren einigen Inselbewohnern erschienen und sagte: »Behaltet eure Bräuche. Hört nicht auf christliche Missionare und lebt von euren Gärten und Tieren.« Angeblich soll dann der Reichtum folgen. Daraus entstand eine Gegenbewegung zur christlichen Missionierung.

Außerdem war ein weiterer Faktor ausschlaggebend: Während des Zweiten Weltkrieges waren Soldaten aus Amerika auf Vanuatu stationiert. Zum ersten Mal sah die einheimische Bevölkerung, dass dunkelhäutige und weiße Menschen gleichgestellt waren.

OBEN: Die beiden Dörfer Lamakara und Sulphur Bay sind nur wenige hundert Meter vom Vulkan entfernt. Hier ist das Zentrum des John-Frum-Kultes, der auf der ganzen Insel Tausende Anhänger hat. Der Vulkan schenkt den Bewohnern nicht nur fruchtbare Erde, sondern auch einen Fluss mit heißem Wasser zum Baden.

Als ein dunkelhäutiger Soldat, der sich als »John from America« vorstellte, dem damaligen Oberhaupt der Unabhängigkeitsbewegung gegen die Missionierung aus dem Gefängnis verhalf, bekam die Bewegung ihren heutigen Namen: John Frum.

»ICH BIN SEHR GERNE HIER, HABE DEN VULKAN, MEIN HAUS, MEINEN GARTEN, MEINEN HUND UND EINE NETTE GASTFAMILIE. ABER HEIRATEN UND FÜR IMMER IN LAMAKARA LEBEN? ICH WEISS NICHT.«

TAGEBUCH

Zum Gedenken an den Tag der Befreiung des Häuptlings findet jedes Jahr am 15. Februar eine große Feier mit imitierten Militärmärschen statt.

Wozu? Na ja, »John from America« hatte Recht: Der Reichtum folgt – Touristen aus der ganzen Welt kommen und bringen mal mehr oder mal weniger sinnvolle Sachen mit …

Der John-Frum-Cargo-Kult scheint für uns skurril, doch er dient den Einheimischen dazu, ihre Traditionen weiterzupflegen und gleichzeitig von der westlichen Welt zu profitieren. Viele der Anhänger leben rund um den Vulkan, dem Zentrum ihres Glaubens. Chief Issak Wan findet, dass es in Wahrheit ganz egal ist, wie diese Macht der Natur genannt wird. Er glaubt einfach an etwas Übergeordnetes, an eine Kraft – und wenn es Vorteile bringt, einen bestimmten Namen zu geben, dann wird das auch getan.

Sein Vorfahre hat es damals prophezeit: Das Leben im Einklang mit der Natur ist am besten. Die fruchtbare Vulkanerde schenkt den Dorfbewohnern alles, was sie zum glücklichen Leben brauchen. Die westliche Welt ist weit weg. Im Dorf Lamakara gibt es nur eine »Custom School«, eine Schule, die den Kindern kein Lesen und Schreiben beibringt, sondern alles, was sie zum Überleben im Dschungel brauchen: Wie man Maden auf heißen Vulkansteinen zubereitet, wie man Grasröcke aus Palmen als Bekleidung anfertigt, wie man Häuser aus Dschungelmaterialien baut, wie man sich in einer Dorfgemeinschaft

LINKS: Der Kult predigt die Rückkehr zu den traditionellen Werten der Gesellschaft; Gemeinschaft und Großfamilie werden in den Vordergrund gerückt. Jeder hilf jedem. Damit das auch funktioniert, gibt es den Dienstag, an dem alle Dorfbewohner Arbeit für die Gemeinschaft verrichten müssen. Heute wird ein Haus gedeckt.

gegenseitig hilft und wie man mit dem Vulkan lebt. Mit dem Vulkan reden, das können nur zwei: Chief Issak Wan und sein Sohn. Und den hätte ich fast geheiratet!

Bei meinem ersten Vanuatu-Besuch im Jahre 1997 lockte mich die Neugier auf den skurrilen Kult zum ersten Mal zu dem Stamm. Ich fragte mich bis nach Lamakara zu Chief Issak Wan durch und weiß heute noch ganz genau, wie sehr ich von seiner Präsenz und Aura fasziniert war. Seitdem war ich unzählige Male dort und teilte teils monatelang Haus und Laus mit meinen Freunden. Fast wäre ich auch für immer dortgeblieben, denn »Papá«, wie ich den Häuptling nennen darf, hätte mich am liebsten mit seinem gutaussehenden Sohn Laf (ausgesprochen: »love«) verheiratet. Wir waren beste Freunde, streiften oft tagelang durch die Ascheebene auf der Suche nach neuen Perspektiven und verbrachten unzählige Nächte gemeinsam am Vulkan. Laf schenkte mir auch »Whitie«, einen kleinen weißen Welpen, der uns auf unseren Erkundungstouren begleitete. Trotzdem fiel ich aus allen Wolken, als ich vor den Familienrat geladen wurde. »Wann bist du das nächste Mal da, damit wir Hochzeit feiern können?«, fragte mich Papá. Verblüfft stellte ich fest, dass man von meiner Hochzeit mit Laf redete. Wir einigten uns in einem langen Gespräch darauf, dass wir nur Freunde bleiben – denn so sehr mich das Leben am Vulkan faszinierte, so wenig konnte ich mir vorstellen, für immer hier zu leben.

Doch unsere Verbindung blieb bestehen: Zwei Jahre später wurde Laf Vater und benannte seine Tochter nach mir. Auch Whitie blieb mein treuer Weggefährte und begleitete mich fast zehn Jahre lang bei jedem meiner Vulkanausflüge. Bis heute besuche ich »meine« Familie am anderen Ende der Welt sooft es geht. Zum Glück bin ich nicht die Einzige, die den John-Frum-Kult so faszinierend findet: Ich führe Vulkanreisen für reisebegeisterte Fotografen, die natürlich auch wegen des skurrilen Kultes nach Lamakara kommen. Die Prophezeiung der Vorfahren wurde wahr …

»ULLA, ES IST WICHTIG, DASS DU DICH UM DEINE FAMILIE KÜMMERST. DEINE MAMA HAT DIR FRÜHER DEN HINTERN ABGEPUTZT, NUN MUSST DU DICH AUCH UM SIE KÜMMERN. ALLES IST EIN EWIGER KREISLAUF.«

CHIEF ISSAK WAN

RECHTE SEITE OBEN: Laf legt die US-amerikanische Flagge zusammen. Mit der Trillerpfeife rief er gerade alle Dorfbewohner zum Fahnenappell um 17 Uhr, nun ist der Arbeitstag beendet und die »taim blong kava« eingeleitet – die Zeit, in der sich die Männer versammeln, um Kava zu trinken und mit den Göttern zu kommunizieren.

RECHTE SEITE UNTEN: Chief Issak Wan vor einem Gemälde im »Headquarter«. Das Bild malte sein Sohn nach einer Erzählung eines Traumes von »Papá«: Im Vulkan tat sich eine Tür auf und er gelangte ins Innere, um dann auf eine Entdeckungsreise in der spirituellen Welt zu gehen. Auch nach Amerika.

EVERI WAN THANK YU
MI BILIV LONG PROMAS WE MI BIN TALEM AOT FINIS. ABAUT 2000 YEARS. PROMAS IA I MAS HAPEN LONG WOLD IA.
BRATA MO SISTA YU MAS
YU REDY.

DOOR
HOLY HOLY STONE
The Glory of John Custom
LOUKEIKEI

OBEN: Wenn die Grillen anfangen zu zirpen, wissen die Männer, dass die Kavazeit gekommen ist. Dann dürfen sich die Frauen dem Ort der Zeremonie nicht nähern. Im Dorf sind die Geschlechter streng getrennt.

RECHTE SEITE OBEN: Währenddessen bereiten die Frauen das Essen vor: Laplap, eine Mischung aus geriebenen Wurzelknollen und Kokosmilch, wird in Bananenblätter eingewickelt und auf heißen Vulkansteinen gegart.

RECHTE SEITE UNTEN: Anna hat Sago-Maden gesammelt. Diese proteinhaltige Delikatesse ist gut für Schwangere. Ich bin im sechsten Monat schwanger und freue mich jeden Abend auf die noch lebenden Larven.

»MAN KÖNNTE DENKEN, DASS BEI UNS DIE MÄNNER BESTIMMEN. ABER IN WIRKLICHKEIT HABEN WIR FRAUEN DAS SAGEN, WIR LASSEN DAS UNSERE JUNGS NUR NICHT MERKEN. DIE SOLLEN NUR SCHÖN WEITER IHREN KAVA TRINKEN.«

ANNA AUS IMAYO

»EINES TAGES WERDE ICH DEN KULT ANFÜHREN. ICH MÖCHTE, DASS NOCH MEHR MENSCHEN DAVON ERFAHREN, DASS ES GANZ EGAL IST, AN WAS MAN GLAUBT, HAUPTSACHE, MAN LEBT IM EINKLANG MIT DER NATUR.«

MOLI, SOHN VON CHIEF ISSAK WAN

VORHERIGE DOPPELSEITE: Das Grollen des Vulkans vermischt sich mit dem Befehlston von Moli Wan. Zu Ehren des Gottes im Vulkan wird heute davor geübt. So kann »John Frum« besser zuschauen. Die Reihenfolge der Männer ist streng nach Größe geregelt, keiner darf aus der Reihe tanzen.

DIESE DOPPELSEITE: Früher hatte man keine Uniformen, doch dann schrieb Chief Issak Wan einen Brief an die US-amerikanische Armee und das Dorf bekam die heißersehnte Armeebekleidung. Sie wird nur für die Feierlichkeiten angezogen und den Rest des Jahres sorgfältig im »Headquarter« aufbewahrt. Auch die Bambusgewehre werden wiederverwendet, teilweise sind sie sehr alt. Die Farbe wird extra aus der Hauptstadt eingeflogen. Sie wird mit einem »Pinsel« aus Kokosnussfasern aufgetragen. Oft dürfen die noch nicht initiierten Jungen diese Aufgabe übernehmen.

RECHTS: Um wissenschaftliche Messungen vorzunehmen, seilt sich Basti Hofmann in den Krater des Yasur ab. Die heftigen Explosionen bringen mein Stativ zum Wackeln, mir gelingt kein scharfes Bild. Kein Wunder, dass die Bewohner von Lamakara beim Erleben dieser unbändigen Kraft der Natur an übersinnliche Mächte glauben.

DIESE DOPPELSEITE: Kaulaka ist der älteste Sohn von Chief Issak Wan. Als Medizinmann hat er besondere Gaben. Er zeigt mir eine Pflanze, die angeblich sogar Malaria heilen kann. Das ist im entlegenen Dorf wichtig, denn der nächste Arzt ist weit entfernt. Gerade hat Kaulaka einen Jungen mit einem entzündeten Auge in Behandlung, dem er eine Paste aus zerkauten Blättern drei Tage lang ins Auge träufelt. Danach ist die Entzündung abgeheilt. Des Weiteren leitet Kaulaka die »Custom School«; er bringt dem männlichen Nachwuchs die Traditionen bei. Auch, wie man mit dem Vulkan redet.

»MAN MUSS DIE SEELE DER KRANKHEIT ERKENNEN, DANN KANN MAN SIE BEHANDELN. JEDE KRANKHEIT HAT EINEN GRUND UND DEN ZEIGT MIR DER VULKAN. WÄHREND DER KAVA ZEREMONIE KANN ICH MIT IHM SPRECHEN.«

KAULAKA, MEDIZINMANN

LINKS: James Cook entdeckte die Insel Tanna 1774 am roten Glühen des Vulkans. Er beschrieb den Yasur als den Leuchtturm der Südsee. Seit mindestens 800 Jahren sprudelt er unablässig, einer der aktivsten Vulkane der Erde. Für Laf ist der Yasur das Zuhause seines Glaubens. Nachts kommt er oft alleine zum Krater.

DIESE DOPPELSEITE: Auf der Insel Tanna gibt es noch einen weiteren Cargo-Kult: die Prinz-Philip-Bewegung. Man glaubt, dass Prinz Philip der Bruder von John Frum sei, der seine Insel verließ, um eine mächtige Frau zu heiraten. 2007 durfte eine Delegation aus Tanna nach England reisen, um ihr Idol kennenzulernen. Auch dieser Kult bewahrt und ehrt die Traditionen der Vorfahren als etwas Heiliges. Ich schreibe in mein Tagebuch: »Es ist skurril, aber eine Art, mit Armut umzugehen und auszudrücken, dass man hier doch sehr reich ist: an Zusammenhalt, an einem Leben in und mit der Natur und reich an Familie.«

RECHTS: Kelson Junior fährt mit einem Snowboard den Vulkan hinunter. Er bekam das Brett von einem Touristen geschenkt, der zum Stamm reiste, um mehr über den Kult zu erfahren. Die Prophezeiung von John Frum hat sich bewährt: Reichtum kommt – mal mit mehr, mal mit weniger sinnvollen Dingen.

PAPUA-NEUGUINEA

EIN EDEN IN ASCHE

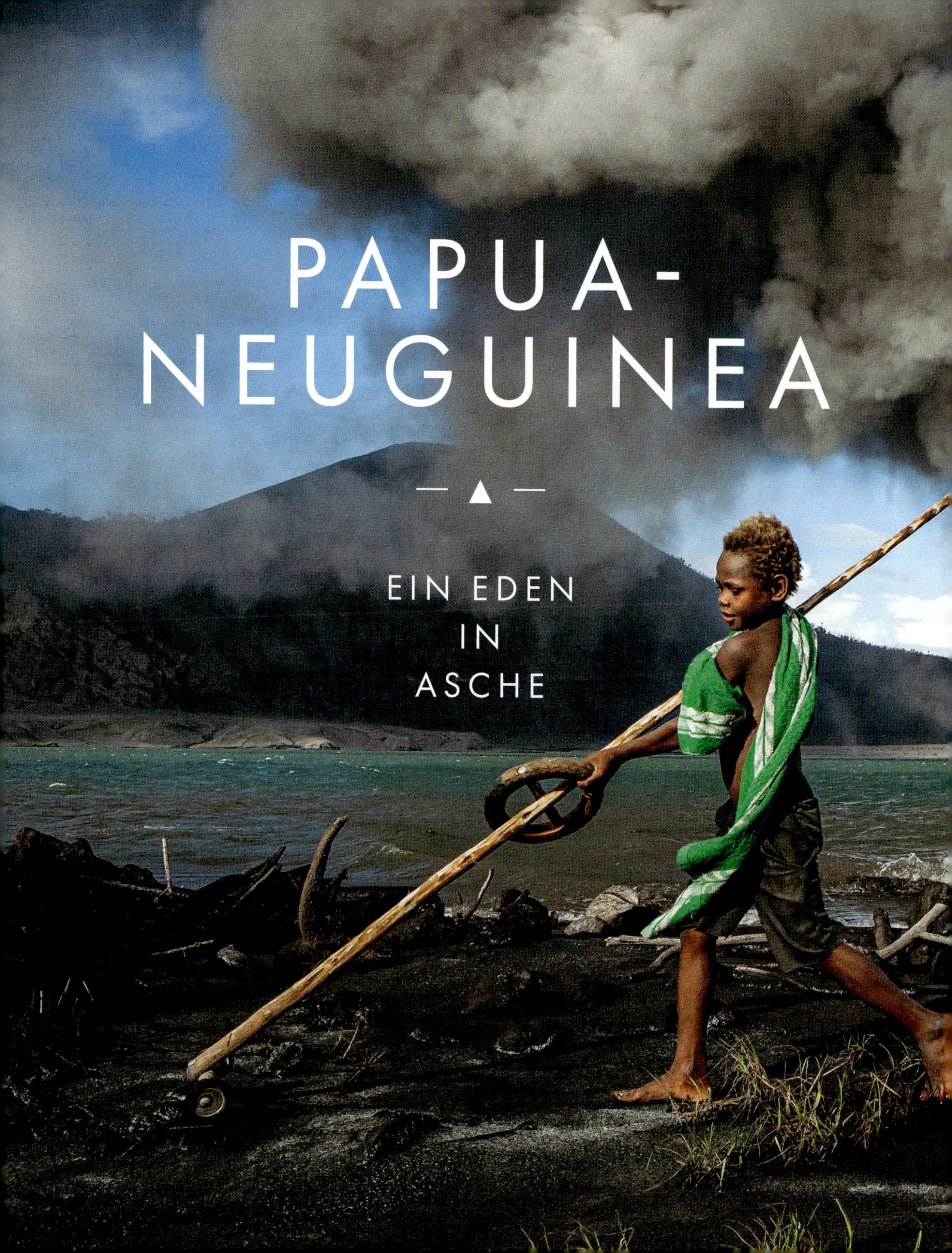

TAVURVUR – EIN VULKAN, DER EIER AUSBRÜTET

Ich stehe hoch oben über dem Meer, der Wind zerrt an meinen Haaren, der Schwefel sticht in meiner Nase, die Erde bebt unter meinen Füßen. Ich fühle mich vollkommen lebendig, würde am liebsten vor lauter Glück schreien. Vor mir liegt der Krater des Tavurvur. Trotz der Dämmerung kann ich direkt in die drei kleinen Öffnungen schauen, aus denen er Lava spuckt. Fasziniert beobachte und filme ich die Aktivität. Aus dem Loch direkt unter mir kommt mehr und mehr Lava, wie ein Springbrunnen sprudelt der Vulkan vor sich hin.

VORHERIGE DOPPELSEITE: Munganau kennt nichts anderes als das Leben mit dem Tavurvur. Seitdem er auf der Welt ist, spuckt der Vulkan fast täglich Asche und lässt den Himmel nachts leuchten.

LINKE SEITE OBEN: Im Jahre 1994 erwachte der Tavurvur plötzlich und zerstörte gemeinsam mit seinem Nachbarvulkan das Südseeparadies der Bewohner von Rabaul.

LINKE SEITE UNTEN: Einer der gefährlichsten Momente meiner Laufbahn: Ich stehe auf dem Vulkan, als dieser plötzlich explodiert. Nur ganz knapp entkomme ich dem Bombenhagel.

LINKE SEITE OBEN: Rabaul 2007. Eden in Asche. Vor dem Vulkanausbruch galt Rabaul als eine der schönsten Städte des Südpazifiks, mit Bars, einem Yachtclub, einem Golfclub, rauschenden Partys und einer gut funktionierenden Wirtschaft. In der Gegend um den Vulkan lebten mehr als 30 000 Menschen.

LINKE SEITE UNTEN: Rabaul 2022. Die Frangipanis blühen wieder. Die Blume ist das Symbol der Stadt, weil sie sich auch schnell nach einem Vulkanausbruch erholt. Wo vorher nur wenige tausend Hartnäckige hausten, wohnen heute wieder 10 000 Menschen. Seinen Rang als Provinzhauptstadt hat Rabaul trotzdem verloren.

Auch Taupa lebt von den Hühnern. Nachdem die Weibchen im Morgengrauen ihre Eier abgelegt haben, paddelt er mit seinem Einbaum über die Blanche Bay von Matupit zum Vulkan. Zum Glück scheint das große Salzwasserkrokodil, das dort lebt, die Kanus der Einheimischen nicht zu mögen. Schnell wird es heiß, besonders die schwarze Vulkanasche heizt sich rasch auf und bringt Taupa und seine Kollegen aus dem Dorf zum Schwitzen. Das Graben nach den Eiern ist mühsam. Die Gegend rund um den Vulkan gleicht einem Schlachtfeld mit tiefen Bombentrichtern. Manchmal stürzen die Wände ein und begraben die Eiersammler unter der Asche. Zwei Freunde von Taupa mussten so sterben. Doch die gefährliche Arbeit lohnt sich: Für ein Ei bekommt man fünf Kina auf dem Markt, umgerechnet mehr als einen Euro. Pro Tag sind zehn bis fünfzehn Eier keine Seltenheit. Genug Geld, um die Familie mit Essen und Trinkwasser zu versorgen. Doch keiner weiß, wie nachhaltig das Eiersammeln ist. Früher hatten die Tolei genaue Regeln, an welchen Tagen sie graben durften, und es gab eine Schonzeit von mehreren Monaten. Jetzt geht es ums Überleben der Menschen. Doch irgendwie schafft es das widerstandsfähige Hühnchen, dass der Vulkan genug Küken ausbrütet, die den Fressfeinden wie Greifvögeln, Waranen, Katzen und Hunden entkommen und die auch nicht in den Kochtopf wandern.

Und heute? Der letzte Vulkanausbruch liegt Jahre zurück. Das Warten hat sich gelohnt: Die Menschen haben ihr Paradies wiederbekommen. Und das Großfußhuhn gibt es auch noch.

LINKS: Im Dorf Matupit wussten die Bewohner nicht, wohin. Erst als der Ausbruch fast schon vorbei war, stellte die Regierung alternatives Land bereit: ein Stück unbewohnbarer Dschungel. Man sah es pragmatisch und blieb auf Matupit. Zumindest gab es hier genug Feuerholz, das man auch verkaufen konnte.

»BESTIMMT WAR ICH SCHON WEIT MEHR ALS 30 MAL HIER. UND BEI JEDEM BESUCH ERFAHRE ICH MEHR ÜBER DIE MENSCHEN UND IHRE BRÄUCHE. ES IST KEIN LAND, WO MAN SCHNELL ANSCHLUSS FINDET UND GEHEIME RITEN ERKLÄRT BEKOMMT.«

TAGEBUCH

DIESE DOPPELSEITE: In Papua-Neuguinea auf der zweitgrößten Insel der Welt leben mehr als 800 verschiedene Völker mit ebenso vielen unterschiedlichen Sprachen und Gebräuchen. Sie alle glauben an die Urkraft der Erde und beten sie in komplexen Ritualen an. Auch mit den aktiven Vulkanen, von denen es mehr als hundert im Land gibt, wird kommuniziert. In Kokopo findet heute das Korowai statt. In Blätter gehüllte Gestalten, die »Dukduks«, symbolisieren die Ahnengeister. Sie werden tanzend und schreiend empfangen. Im Hintergrund explodiert der Vulkan.

RECHTS: Beim Feuertanz, einem Ritual der Baining, wirbeln maskierte Gestalten mit nackten Füßen durch das brennende Feuer. Dabei tragen die Männer, von denen keiner erfahren darf, wer sie sind, eine Maske aus einem mit Rindenbast bezogenen Rattangestell. Über die traditionelle Bedeutung der Tänze spricht man kaum.

INDONESIEN

SCHWEFEL UND ORCHIDEEN-PRACHT

KAWAH IJEN – DAS GRÖSSTE SÄURE-FASS DER ERDE

VORHERIGE DOPPELSEITE UND LINKE SEITE: Im Innern des knapp 3000 Meter hohen Vulkans Ijen leuchtet der »Kawah Ijen«, ein blauer Kratersee mit einem tödlichen Cocktail aus Schwefel- und Salzsäure. Gelber Dampf quillt aus der Erde und 200 Grad Celsius heißes, ätzendes Schwefelgas entweicht. Wenn der Schwefel erkaltet ist, schaufeln ihn Arbeiter ohne ausreichende Schutzausrüstung in Körbe und schleppen die bis zu 100 Kilo schwere Last aus dem Krater mit giftigen Gasen hinaus. Wenn der Schwefel mit dem Sauerstoff der Luft reagiert, entzündet er sich manchmal selbst. Nachts bieten die farbigen Flammen ein unvergessliches Schauspiel.

»Ich bekomme keine Luft mehr. Fühle Panik aufsteigen. Meine Lunge scheint zu brennen. Ich schließe die Augen. Nur nicht einatmen, nicht bewegen. Einfach abwarten. Wie lange kann ein Mensch ohne Luft aushalten? Ich stecke mitten in einer dichten Gaswolke. Für mich eine Extremsituation, für die Schwefelträger Arbeitsalltag. Sie beißen dann nur fester auf ihr feuchtes Tuch und laufen weiter. Irgendwann verzieht sich der Nebel schon wieder. Und so ist es auch diesmal. Mit tränenden Augen blicke ich auf den milchig-türkisen Kratersee und die sonnengelben Schwefelablagerungen an seinem Rand. Dort, wo die Minenarbeiter weitermachen, als wäre nichts geschehen.«

Obwohl dieser Tagebucheintrag lange zurückliegt, kann ich mich ganz genau erinnern. An das Brennen in der Lunge, als ich Luft holen wollte und nicht atmen konnte. An die Schreie der Schwefelträger, denen ebenfalls die Atemwege schmerzten. An die beißenden Tränen in unseren Augen, als sich die Gaswolke verzog und wir uns endlich wieder ansehen konnten.

Damals kannte kaum jemand die nächtlichen blauen Flammen des Kawah Ijen, denn sie waren noch nie fotografiert worden. Ich verbrachte drei Wochen mit den Minenarbeitern, um ihren harten Berufsalltag zu dokumentieren, übernachtete mit ihnen im Krater in den giftigen Gasen, fror mit ihnen in der »Mittelstation«, in der man bei eisigen Temperaturen auf Kartons auf dem Boden schläft, und atmete mit ihnen die giftigen Dämpfe in der »Fabrik« ein, in der der Schwefel gereinigt wird. Meine Wimpern brachen ab und mein komplettes Equipment versagte nach und nach den Dienst. Die Fotos wurden gut – doch nie veröffentlicht. Ein Kollege kam mir vier Tage zuvor. Seine Bilder gingen um die Welt – und heute befindet sich der Kawah Ijen ganz oben auf der To-do-Liste aller Indonesien-Urlauber. In der Hochsaison kommen pro Tag etwa 1000 Touristen hierher.

OBEN: Unter extremen Bedingungen bauen die Minenarbeiter täglich mehr als sechs Tonnen Schwefel ab, der vom Vulkan wieder nachproduziert wird. Der Schwefeldampf wird bis zu 250 Grad heiß und kühlt durch die Rohre auf etwa 120 Grad ab. Wie gesundheitsschädlich die Dämpfe langfristig sind, ist nicht ausreichend untersucht.

»DER SCHWEFEL IST ES, DER DIE ARBEITER UND IHRE FAMILIEN AM LEBEN HÄLT UND DER SIE GLEICHZEITIG TÖTET, GANZ LANGSAM. DIE DURCHSCHNITTLICHE LEBENSERWARTUNG EINES MINENARBEITERS BETRÄGT 50 JAHRE.«

TAGEBUCH

Trotzdem bin ich oft nach Indonesien zurückgekehrt und habe weiterfotografiert. Warum? Weil ich es unglaublich finde, wie sehr sich die Menschen aufopfern, um ihre Familien zu ernähren.

Die Schwefelträger arbeiten bis zu drei Wochen im Monat unter extremen Bedingungen am Vulkan. Ihre durchschnittliche Lebenserwartung beträgt nur 50 Jahre, da die Dämpfe so aggressiv, die Lasten so schwer und die Gefahren eines Unglücks so hoch sind. Und doch sind sie alle stolz, das »Teufelsgold« abbauen zu dürfen.

Im Kawah Ijen wird seit 1968 Schwefel abgebaut. Heute arbeiten an die 300 Bergleute hier, die jeden Tag den 2769 Meter hohen Berg erklimmen, um dann wieder 900 Meter in den Krater hinabzusteigen. An den Gasaustrittstellen, den Solfataren, werden die Schwefeldämpfe mit langen Keramikrohren zu den Entnahmestellen geleitet, wo eine orangefarbene bis rote Masse herausbrodelt, die nach dem Erkalten schwefelgelb wird. Dann brechen die Arbeiter mit Eisenstangen oder mit bloßen Händen ihr »Teufelsgold« in Platten heraus und verladen alles in Rattankörbe, die nicht selten um die 100 Kilogramm wiegen – für manche das Doppelte ihres eigenen Körpergewichts!

Je nach Ladung bekommen die Minenarbeiter umgerechnet etwa fünf Euro am Tag – oder zehn, wenn sie den Weg zweimal schaffen. Es ist nicht die Last, die die Lebenserwartung der Minenarbeiter senkt, sondern es sind vor allem die giftigen Dämpfe. Das Wasser im See, das seine blau-grüne Farbe Alaun, Schwefel und Gips verdankt, ist mit einem pH-Wert von unter 0,3 extrem sauer. Viele der Minenarbeiter befeuchten ihre Lappen, die sie als Ersatz für eine Gasmaske in den Mund nehmen, mit Wasser aus dem See. Zum Vergleich: Zahnschmelz wird schon bei einem pH-Wert von 5,5 geschädigt. Bereits

LINKS: Dery beißt auf einen nassen Lappen, den er im giftigen Säuresee getränkt hat, um sich vor den dichten Gasen zu schützen. Er wurde im nahe gelegenen Dorf Plambang als Sohn eines Schwefelträgers geboren, in dem er noch heute mit seiner Familie lebt. Sein Sohn Marko ist auch Minenarbeiter.

eine kurzfristige Exposition gegenüber hochkonzentriertem Schwefeldioxid kann tödlich sein kann. Wenn man ihm langfristig ausgesetzt ist, kann das zu Atembeschwerden, Verstopfungen der Atemwege und einer Beeinträchtigung der Lungenfunktion führen.

Zusätzlich lauern viele Gefahren: 1976 erstickten 50 Schwefelarbeiter bei einem Gasausbruch im Kraterinnern, 1989 starben 25 Arbeiter. Auch heute herrscht große Angst, das wieder etwas passiert. Wissenschaftler befürchten, dass eine Freisetzung großer Mengen Säure aus dem 960 Meter langen und bis zu 250 Meter tiefen See durch einen Ausbruch oder ein Erdbeben katastrophale Folgen für die umliegenden Gemeinden haben könnte.

Doch warum arbeiten die Menschen hier? Bergarbeiter ist einer der am besten bezahlten Berufe in der Region. Ein Schwefelträger verdient im Durchschnitt mehr als doppelt so viel wie ein einfacher Bauer. Doch das scheint nicht genug, um sich eine einfache Schutzausrüstung mit Gasmaske, Handschuhen und festen Schuhen leisten zu können. Oder wollen die Schwefelträger das einfach nicht, weil es sie bei der Arbeit behindert? Sunarto, mit dem ich mehrere Nächte im Krater verbringen durfte, betont immer wieder, wie stark er doch sei und wie stolz auf seine Arbeit. Das ganze Schutzzeug? Braucht er nicht. Auch sein Vater hat schon so gearbeitet, sein Opa auch.

Und wenn man es genau nimmt, braucht auch niemand diesen Schwefel. Als Abfallprodukt aus der Erdgas- und Erdöldestillation, das am Weltmarkt fast verschenkt wird, gibt es ihn im Überfluss. Aber sollte man deshalb die Mine stilllegen? Für die meisten Minenarbeiter würde das den Ruin bedeuten. Und mir und vielen anderen Besuchern würde es die Gelegenheit nehmen, ein unglaubliches Schauspiel zu sehen: die blauen Feuer in der Nacht. Egal, wie oft ich schon hier im Kraterinnern war und den tanzenden Flammen zuschauen durfte, diesen ungezügelten Kräften, die tief aus dem Erdinnern kommen: Jedes Mal fühle ich mit Demut die unbeschreiblich große Natur und bin glücklich, dass ich ein Teil davon sein darf. Und dass ich wieder atmen kann.

»ICH BIN SEHR STOLZ DARAUF, SCHWEFELTRÄGER SEIN ZU DÜRFEN. SO KANN ICH MEINE FRAU UND MEINE DREI KINDER ERNÄHREN UND ALLEN ZEIGEN, WIE STARK WIR HIER AM KAWAH IJEN SIND.«

SUNARTO WURDE SCHON MIT 13 JAHREN SCHWEFELTRÄGER.

— ▲ —

RECHTE SEITE OBEN: An der Wiegestation auf dem Weg nach unten wird das Gewicht der Ladung ermittelt. Dabei passen die Minenarbeiter genau auf, dass alles richtig abgelesen wird, denn je mehr sie getragen haben, desto mehr verdienen sie: Für zehn Kilo Schwefel gibt es etwa 10 000 Rupiah – rund 60 Cent.

RECHTE SEITE UNTEN: Sunartos Zuhause liegt auf knapp 2000 Meter Höhe, wo es nachts um die fünf Grad kalt ist. Beim Anblick des Bretterverschlages kommt mir in den Sinn, dass man bei uns noch nicht einmal Hunde so halten dürfte. Doch Sunarto lacht: »Man gewöhnt sich an alles und merkt plötzlich, wie wenig man braucht.«

AQUA

DIESE DOPPELSEITE: Am Fuße des Berges liegt die Fabrik der Firma, die die Lizenz für die Mine von der Regierung gekauft hat. Hier wird der Schwefel über dem Feuer erhitzt und wieder verflüssigt, um ihn von Steinen, Erde und Sand zu reinigen. Der gereinigte Schwefel wird an die Zuckerraffinerien im Land verkauft, in denen er zum Bleichen des Zuckers dient. Auch die pharmazeutische und die chemische Industrie in der 200 Kilometer entfernten Provinzhauptstadt Surabaya sind Abnehmer. Dort wird Schwefel für die Herstellung von Medikamenten, Dünger oder Kosmetika genutzt.

»ALLE ARBEIT UMSONST: SCHWEFEL IST EIN ABFALLPRODUKT AUS DER ERDGAS- UND ERDÖLDESTILLATION, ES GIBT IHN IM ÜBERFLUSS. LOKALE FIRMEN KAUFEN DEN SCHWEFEL NUR, WEIL SIE IHN VOR ORT NOCH GÜNSTIGER BEZIEHEN KÖNNEN ALS AUF DEM WELTMARKT.«

TAGEBUCH

MERAPI – LEBEN IM SCHATTEN DES VULKANS

LINKE SEITE OBEN: Kein anderes bewohntes Dorf liegt näher am Gipfel des Merapi als Deles. Hier weiß man um die Gefahren und akzeptiert, dass der Feuerberg jederzeit in die Luft gehen kann. Regelmäßig finden Katastrophenübungen statt und viele Bewohner sind mit Warngeräten ausgestattet.

LINKE SEITE UNTEN: Der 80-jährige Mbah Marjo Utomo hat Tränen in den Augen: »Die Tiere haben mich beim Vulkanausbruch gerettet. Und die Götter.« In seinen Träumen haben ihn Tiere gewarnt, und doch wurde er während eines Ausbruches schwer verbrannt. Viele Javaner sind überzeugt, dass Tiere die Fähigkeit haben, einen Ausbruch wahrzunehmen, bevor er auftritt.

Um mich herum ist Nebel. Wenn jetzt der Vulkan ausbricht, sehe ich den Tod nicht kommen. Plötzlich ertönt der Alarm meines Funkgerätes. Ein eiskalter Piepton, der mir durch Mark und Bein geht. Dann bebt die Erde, ich höre Steine fallen. Danach – Stille. Es passiert nichts. Manuk atmet ruhig in seiner Trage an meinem Bauch. Mein neunmonatiges Baby und ich dürfen für *GEO* das Leben mit dem Merapi dokumentieren. Mit einem großen Ausbruch alle fünf bis zehn Jahre gilt der im Zentrum der Insel Java gelegene Vulkan als der aktivste Indonesiens und als einer der gefährlichsten Feuerberge der Welt.

Der etwa 2900 Meter hohe Merapi liegt in Zentraljava, ungefähr 60 Kilometer von der Küste entfernt. Übersetzt heißt er »Feuerberg«. Wegen seiner Nähe zur Millionenmetropole Yogyakarta und wegen seiner besonders heftigen Ausbrüche wird der Merapi als Hochrisikovulkan eingestuft und ständig beobachtet.

Mehr als 300 Tote und 300 000 Heimatlose, fast 500 Verletzte, mehr als 25 zerstörte Dörfer: Eine der tödlichsten Eruptionen ereignete sich am 5. November 2010. Der Lavadom, ein aufgestauter Propfen im Innern des Vulkans, war kollabiert, und glühend heiße Wolken aus Gasen, Asche und Gestein verbrannten alles, was ihnen in den Weg kam. Solche sogenannten pyroklastischen Ströme können bis zu 700 Stundenkilometer schnell werden und Temperaturen von mehr als 800 Grad erreichen. Oftmals sind sie ganz leise, sodass vor allem im Nebel Gefahr droht, weil man sie nicht sieht. So wie jetzt.

Inzwischen wächst wieder ein kleiner Lavadom im Innern des Kraters. Zum Glück stürzt er regelmäßig ein und der dabei entstehende pyroklastische Strom bleibt im Vulkan. Bisher. Doch die Bewohner der Dörfer in der Nähe des Vulkans leben in ständiger Angst vor einem erneuten Ausbruch. Trotzdem würden sie um nichts in

OBEN: Ein ganzes Leben, in einem einzigen Augenblick ausgelöscht. Pak Raimon verlor bei der Eruption 2010 alles: sein Haus, seiner Felder, seine Tiere. Jetzt wohnt er mit seiner Frau Imail und der vierjährigen Cici in Pagerjurang außerhalb der Gefahrenzone. Er träumt davon, eines Tages in die Ruinen zurückzukehren.

der Welt weggehen. Nicht nur, weil ihnen der Vulkan fruchtbare Erde schenkt, sondern auch, weil sich für viele Javaner im Merapi ein unsichtbares Königreich befindet, dessen Schutzgeister auf die Bewohner aufpassen.

»ICH BIN IN DER NÄHE DES VULKANS GEBOREN. ALLES, WAS ICH WILL, IST, IN HARMONIE MIT DEM MERAPI ZU LEBEN. EINE STIMME IN MIR SAGT, DASS ICH ZURÜCKKOMMEN SOLL.«

PAK RAIMON, DEM DER VULKAN ALLE BESITZTÜMER GENOMMEN HAT.

Um mit den Geistern zu kommunizieren, ernennt Sultan Hamengkubuwono X, der in Yogyakarta residiert, einen Hüter des Vulkans. Der aktuelle »juru kunci« heißt Mas Asih und erbte den Posten von seinem Vater Mbah Maridjan, der 2010 mit 83 Jahren in der Glutlawine starb. Er hatte sich trotz der Evakuierungsempfehlungen geweigert, sein vier Kilometer vom Krater entferntes Dorf Kinahrejo zu verlassen. Heute wird er als Märtyrer verehrt und der Ort, an dem er verbrannt wurde, ist ein Museum. Knapp 250 000 Touristen sollen jährlich die vielen Erinnerungsstätten mit verkohlten Relikten des tragischen Ausbruchs besuchen.

Am Fuße des Vulkans gibt es sogar einen Golfplatz und mehrere Vergnügungsparks – eine wilde Mischung aus mittelalterlichen Burgen, Dinosauriern aus der Kreidezeit, Hobbit-Häusern, indianischen Tipis und einer Nachbildung von Stonehenge. Meinem Sohn Manuk gefällt das Piratenschiff am besten – und die falschen Blüten an den Bäumen für schönere Selfies. Es sind nicht nur Touristen, die vom Vulkan hergelockt werden, sondern auch Jobsuchende, denn die vielen Besucher verheißen Arbeit.

Nach dem Ausbruch 2010 ist die Bevölkerung im Gebiet rund um den Feuerberg um elf Prozent gewachsen. Das beschert den lokalen Behörden kalte Schweißausbrüche. Wohin mit den Menschen? Es ist nicht erlaubt, nahe am Vulkan zu wohnen, doch vermutlich leben wieder Zehntausende von Menschen in dieser gefährlichen Zone. Sie

LINKS: Eine verkohlte Musiksammlung ist ersetzbar; Fotos, Briefe und digitale Erinnerungen sind es nicht. Beim Anblick dieser DVDs wird mir bewusst, wie sehr unser Leben an materielle Erinnerungen geknüpft ist – und wie schwer es für die Menschen sein muss, alles zu verlieren.

haben fast alle ein Walkie-Talkie, so wie ich auf meiner Reise. Diese Geräte wurden von Hilfsorganisationen ausgegeben und ermöglichen es, bei einer drohenden Eruption sofort zu reagieren. Es gibt Katastrophentraining, eine Nachbarschaftswache, einen Sicherheitschef, das Radio – und natürlich Smartphones. Das Leben in der verbotenen Zone ist gut organisiert und doch verboten.

»Wir sind in der Lage, alles in einer Viertelstunde zu verlassen«, versichert Mbah Lurah Suroto, der junge Bürgermeister von Glagaharjo, vier Kilometer vom Vulkan entfernt. In seinem Dorf hat kein einziges Gebäude den großen Ausbruch überstanden. »Wir sehen keinen Grund zur Panik«, betont er. »Den Merapi kennen wir wie einen Freund. Und es ist nicht einfach, einen Freund zu verlassen, selbst wenn er droht.«

Der Vulkan wird ständig von rund 80 Wissenschaftlern und Mitarbeitern des BPPTKG in Yogyakarta überwacht, doch viel Zeit bleibt nicht, um die vielen Menschen bei einem Ausbruch in Sicherheit zu bringen. Das Leben am Vulkan bleibt ein Spiel mit dem Feuer.

Mittlerweile ist die Nacht vorbei. Die Sonne vertreibt den dichten Nebel und bringt Wärme, dringend notwendig nach der durchwachten Nacht. Manuk hat sieben Eruptionen verschlafen. Wir besteigen meinen Motorroller, um bei Pak Remon auf der Terrasse einen Kaffee zu trinken und »seinen« Gipfel aus der Ferne zu betrachten. Der 41-jährige Bauer mit den durchdringenden Augen stammt aus Petung nahe am Krater und wurde umgesiedelt. Seitdem ist er Jeepfahrer und Kassenwart von Touristenattraktionen, will aber zurück in sein Haus am Merapi.

Ich kann ihn gut verstehen. Vom Vulkan geht eine unglaubliche Faszination aus. Er ist Schönheit und Zerstörung zugleich, Leben und Tod, Ursprung und Ende. Ich habe mich in der Nacht bedroht, aber nicht in Gefahr gefühlt. Es fühlt sich an, als würde der Vulkan über mich und seine Bewohner wachen. Und wahrscheinlich tun das die Schutzgeister in seinem Innern auch.

»SO SCHRECKLICH DIE BIS ZUR UNKENNTLICHKEIT VERBRANNTEN LEICHEN ANZUSEHEN WAREN, SO SCHÖN WAREN DIE AUGENBLICKE, IN DENEN WIR DOCH NOCH JEMANDEM HELFEN KONNTEN. ICH HABE GELERNT, JEDEN MOMENT DES LEBENS ZU GENIESSEN.«

DARU SURYONO, ERSTHELFER BEI DER ERUPTION 2010

— ▲ —

RECHTE SEITE OBEN: Eine Fototafel in einem Museum dokumentiert die Momente des Grauens für Katastrophentouristen. Die Augenzeugen benötigen keine Fotos der Katastrophe; unvergesslich sind die Erinnerungen, auf die keiner der freiwilligen Helfer richtig vorbereitet war.

RECHTE SEITE UNTEN: Daru Suryono bewahrt die Schuhe und die Gasmaske auf, die er als Helfer beim Ausbruch trug. Die Maske nimmt er nur für das Foto aus ihrer Tüte. Sie riecht nach Schwefel und Rauch. »Nie werde ich den Geruch des verkohlten Fleisches der Toten vergessen. Er hat sich in mein Gedächtnis eingebrannt.«

FOLGENDE DOPPELSEITE: Bei einem Ausbruchs des Merapi könnten bis zu drei Millionen Menschen betroffen sein, darunter 350 000 bis 500 000 in den Gebieten, die unmittelbar von den pyroklastischen Strömen bedroht sind. Heute bleiben die rasend schnellen Gaswolken zum Glück nur im Krater.

FOTO BANJIR
LAHAR HUJAN

LINDUNGI
JANGAN SAKITI
DAERAH ISTIMEWA
SAR
NASIONAL
AVIGNAM JAGAD SAMAGRAM
YOGYAKARTA
LAND ROVER

DIESE DOPPELSEITE: »Für uns ist der Merapi keine Gefahr, er ist ein Geschenk des Himmels«, so Mas Asih, der spirituelle Hüter des Vulkans. Er verdient sein Geld mit einem Museum, das er an der Stelle errichtete, an der sein Vater und Vorgänger von der feurigen Wolke des Vulkans verbrannt wurde. Mbah Maridjan weigerte sich, den Evakuierungsempfehlungen der Regierung Folge zu leisten und blieb – wie der Kapitän eines sinkenden Schiffes – bis zuletzt am Vulkan. Er wird heute als Märtyrer verehrt. Jeden Tag strömen Hunderte von Menschen zu dem von seinem Sohn errichteten Denkmal und zu seinem verbrannten Auto, um ihm zu huldigen.

DIESE DOPPELSEITE: Wo früher das Dorf Petung war, ist heute das »Lost World Castle«, ein Tummelplatz mit vielen Attraktionen. Ein Highlight sind die »Selfie spots«, an denen man sich vor dem Vulkan in Szene setzen kann. Der Park befindet sich nur fünf Kilometer vom Feuerberg entfernt, aber das Management des Parks versucht zu beruhigen: Evakuierungswege sind geplant! Ein Teil der Einnahmen wird unter den ehemaligen Grundstücksbesitzern aufgeteilt. In der Umgebung gibt es viele solcher Vergnügungsparks und Museen mit Gruselfaktor für Katastrophentouristen.

»WIR KAMEN JALAN JALAN [UM HERUMZULAUFEN] UND MACHTEN SELFIES. ES IST SEHR SCHÖN HIER UND UNSEREN KINDERN GEFÄLLT ES AUCH.«

HUSNA UND RAHMA, BESUCHER EINER DER VIELEN VERGNÜGUNGSPARKS IN DER VERBOTENEN ZONE AM VULKAN

LINKS: Die Bäuerin Sari musste ihr Dorf verlassen und sich mit ihren Tieren in Pagerjurang niederlassen, etwa zehn Kilometer vom Vulkan entfernt. Heute haben alle in der Gefahrenzone gelegenen Dörfer eine Schwestergemeinde, in der die Bewohner im Falle einer Generalevakuierung vorübergehend Unterkunft finden können.

»VOR MEINEM FENSTER SEHE ICH JEDEN TAG DEN VULKAN. WENN SICH ETWAS TUT, GEHE ICH AUF SENDUNG, UM ALLE ZU WARNEN.«

KAFFEEPRODUZENT SUKIMAN MOHTAR PRATOMO, GRÜNDER DES TRANS MERAPI COMMUNITY RADIO. HINTER IHM ERINNERT EIN FOTO AN DIE KATASTROPHE VON 2010.

— ▲ —

DIESE DOPPELSEITE: Bei der Katastrophe 2010 kamen auch viele Kinder ums Leben. Um das beim nächsten Ausbruch zu vermeiden, werden die Schüler der Deles-Schule im Evakuierungsverfahren geschult. Auch für die Erwachsenen gibt es Übungen und Informationsveranstaltungen des vulkanologischen Institutes. Die meisten Familien besitzen ein Walkie-Talkie, das mit den Messinstrumenten des Vulkanes verbunden ist und bei Gefahr mit einem eindringlichen Ton warnt. Als ich in der Gefahrenzone fotografiere, schreckt mich der Alarm mindestens sieben Mal pro Nacht aus dem Schlaf.

DIESE DOPPELSEITE: Musimin ist ein Mann, der mit Tieren und Pflanzen redet. Er lebt am Fuße des Merapi. Im Jahre 2004 wurde ein Nationalpark eingeweiht, der rund um den Krater eine Fläche von mehr als 6600 Hektar umfasst. Gerade pflanzt er eine Vulkanorchidee, die Vanda tricolor. Sie ist vom Aussterben bedroht. Musimin hat diese seltene Pflanze gemeinsam mit seiner Familie sieben Jahre lang gepflegt. Nun kann er sie aussetzen und hoffen, dass sie sich vermehrt. Zwei Jahre wird er sie jede Woche besuchen und mit einer Nährlösung versorgen. Ich habe die Patenschaft für diese Orchidee übernommen und sie auf den Namen Manuk getauft.

LINKS: Das Leben geht weiter. Diese Frau und der kleine Junge, die auf einer Straße im Gefahrengebiet unterwegs sind, scheinen sich keine Sorgen über den nächsten Ausbruch zu machen. Eigentlich ist es verboten, so nahe am Vulkan zu leben.

DIESE SEITE: Die Tempelanlage Borobudur liegt dreißig Kilometer vom Merapi entfernt. Ein risikoreicher Standort: 2010 musste das größte buddhistische Heiligtum der Welt für eine gigantische »Abstaubung« geschlossen werden: Eine zwei Zentimeter dicke Schicht aus Asche hatte die steinernen Buddhas bedeckt. Heute können sie wieder auf den Vulkan blicken – bis zum nächsten Ausbruch.

RECHTE SEITE: Der Merapi – Fluch und Segen zugleich. Die Menschen nutzen das Land, das der Vulkan fruchtbar gemacht hat. Sie verkaufen Sand und Lavasteine. Und sie halten die Wege instand, damit Jeeps jeden Tag vergnügungswütige Abenteuertouristen in die gesperrte Zone bringen können. Denn morgen früh beginnt das Spektakel von neuem.

KONGO

EIN VULKAN FÜR DEN FRIEDEN

NYIRAGONGO – DER GEFÄHRLICHSTE VULKAN AFRIKAS

Der größte Lavasee der Welt brodelt unter mir – die größte Geburtstagskerze der Welt. Ich feiere meinen runden Geburtstag allein mit dem Vulkan. Drei Tage habe ich mir von meiner Arbeit als Fotografin für die Vereinten Nationen freigenommen, um mein Zelt hier aufzuschlagen und das immerwährende Spiel der Lava zu genießen, die in haushohen Blasen aufsteigt und wieder in den 250 Meter breiten Lavasee zurückfällt. Die Erde scheint zu atmen. Seit Stunden sitze ich hier, hypnotisiert von den Urkräften des Vulkans, die die Erde geformt haben, fühle keine Kälte, kein Hunger, keinen Durst. Nur die Energie des Vulkans.

VORHERIGE DOPPELSEITE UND LINKE SEITE: Der 3470 Meter hohe Nyiragongo markiert die Grenze zwischen der Demokratischen Republik Kongo und Ruanda. Die Bewohner, die hier illegal Holzkohle in großen Säcken auf Tretrollern schmuggeln, haben nicht nur den Krieg zu fürchten, sondern auch den gefährlichsten Vulkan Afrikas, dessen Lavaströme die Stadt Goma bereits mehrmals überrollten. 2002 wurden große Teile der Stadt zerstört, 250 Menschen kamen uns Leben, hunderttausende wurden evakuiert. Das Haus des kleinen Kayenga liegt zehn Meter unter der Lava begraben.

Zehn Millionen Kubikmeter Lava kochen im Schlund des Vulkans. Der einheimischen Mythologie zufolge brennen im Nyiragongo die Seelen der Sünder. Man munkelt, dass sein Lavasee deshalb der größte der Welt sei, weil die Grenzregion zwischen Kongo und Ruanda trauriger Schauplatz von unzähligen Verbrechen war und ist. Die Menschen müssen ums Überleben kämpfen und bekommen das wenige, was sie haben, auch noch vom Vulkan genommen: Der Nyiragongo gehört zu den gefährlichsten Vulkanen der Erde und ist einer der am wenigsten erforschten. Grund dafür sind die politischen Unruhen, deswegen breitet sich auch die Stadt Goma am Fuße des Vulkans rasant aus: Die Bewohner der umkämpften Regionen suchen Schutz. Vom Regen in die Traufe: Im Jahre 1977 raste Lava mit knapp 100 Stundenkilometern den Berg hinunter, mehr als 600 Menschen starben, 500 000 wurden evakuiert. So schnell fließende Lava hatte man vorher noch nie beobachtet. Im Jahr 2002 strömte die Lava über die Innenstadt von Goma, zerstörte zehntausende Häuser, zwang hunderttausende Einwohner zur Flucht, hunderte Menschen starben.

Ich war kurz nach dem Ausbruch schon einmal vor Ort, als die Lava noch heiß war und die Menschen ungläubig auf ihren regelrecht

OBEN: Am 17. Januar 2002 öffnete sich die Erde an den Flanken des Vulkans und Lava ergoss sich mit knapp 100 Kilometern pro Stunde über Goma. Wie eine zehnspurige Autobahn wälzte sich eine Schneise der Verwüstung durch die Stadt. Ungefähr 250 Menschen starben, eine halbe Million Menschen wurde evakuiert, viele blieben lange obdachlos.

zubetonierten Grundstücken saßen. Der Vater von Kayenga, der mir am Lavastrom begegnete, war vor den Rebellen nach Goma geflüchtet und hatte jahrelang gearbeitet, um sich ein Haus leisten zu können, mit Gemüsegarten und Mangobaum für den Sohn. Zumindest der Hund konnte gerettet werden.

»DER VULKAN IST WAHRSCHEINLICH DER GEFÄHRLICHSTE DER WELT. WAS 2002 PASSIERT IST, WIRD WIEDER PASSIEREN. WIR WISSEN NUR NICHT, WANN, UND HABEN KEINE MÖGLICHKEITEN, DEN VULKAN BESSER ZU ÜBERWACHEN.«

CELESTIN KASEREKA MAHINDA, VULKANOLOGE IN GOMA

Die Lava des Nyiragongo hat wenig Silizium und ist deswegen besonders schnellflüssig, die steilen Hänge des Vulkans verleihen zusätzlich Geschwindigkeit. Hinzu kommt, dass die Eruption von 2002 eine sogenannte Spalteneruption war: Die Gesteinsschmelze trat an den Flanken des Vulkans, nahe an Goma, an die Oberfläche.

Wissenschaftler vermuten, dass sich ein komplexes System aus Gängen mit Magma wie Wurzeln eines riesigen Baumes unter Goma befindet. Vielleicht reicht es sogar bis unter die Stadt Gisenyi in Ruanda und den angrenzenden Kivusee, einen der größten Seen Afrikas? Wenn Magma mit Wasser in Berührung kommt, dann verdampft das Wasser schlagartig und es kann sich eine sogenannte phreatomagmatische Eruption ereignen, eine ganz besonders heftige Explosion.

Dann könnten Millionen von Menschen sterben. Doch auch ohne Ausbruch ist der See gefährlich. Unter seiner friedlich aussehenden Oberfläche schlummert ein Cocktail aus mehr als 200 Kubikkilometern Kohlendioxid, einem unsichtbaren, geruchslosen Gas, das bei hoher Konzentration binnen weniger Atemzüge tödlich ist, kombiniert mit Methan und giftigem Schwefelwasserstoff.

Bei meinem Aufstieg kam ich an einer Senke voller riesiger Knochen vorbei, vielleicht von Waldelefanten oder Flusspferden? Aufgeregt wollte ich in die Grube springen, da riss mich mein Begleiter Moso im letzten Moment zurück. »Mazuku, mazuku!« – das heißt »böser

LINKS: Wenn die Lava schnell fließt und rasch erkaltet, wird ihre Oberfläche glatt. Man nennt sie dann Pāhoehoe-Lava. Das heißt auf Hawaianisch etwa »Lava, auf der man gut gehen kann«. Trotzdem müssen die Kinder gut aufpassen, denn die Masse, auf der sie stehen, ist noch warm.

Wind«. Da das Gas dichter als Luft ist, sammelt es sich unbemerkt in Senken. »Jedes Jahr sterben viele Menschen wegen Mazuku«, so Moso.

Der Schüchterne mit den warmen Augen arbeitet als Ranger im Virunga-Nationalpark, der den Vulkan umgibt. Der älteste Nationalpark Afrikas ist besonders für die Berggorillas bekannt. Oftmals unter Einsatz ihres Lebens verteidigen mehr als 700 Ranger das knapp 8000 Quadratkilometer große Schutzgebiet. Mehr als 200 von ihnen sind schon im Kampf mit bewaffneten Banden umgekommen, die in den Park eindringen. Wilderer verkaufen das Elfenbein der Elefanten, Schmuggler handeln mit Affenbabys, illegale Köhler verheizen Bäume, verarmte Dorfbewohner legen trotz aller Verbote Felder im Schutzgebiet an: Pro Jahr werden rund 20 000 Hektar Regenwald unwiederbringlich zerstört. Fast alle Eindringlinge jagen geschützte Tiere, um etwas zum Essen zu haben.

Noch eines ist allen gemeinsam: Sie sind vom Vulkan bedroht. Wenn er ausbricht, sind sie vereint in der Flucht vor den todbringenden Massen an glühendem Gestein.

»MIR SIND DIE ANGRIFFE DER REBELLEN LIEBER ALS EIN ERNEUTER AUSBRUCH. DANN MÜSSEN WIR WIEDER BEI NULL ANFANGEN, UNSERE HÄUSER SIND ZERSTÖRT UND DIE WIRTSCHAFT AUCH.«

AMINATA YAHAYA, FISCHVERKÄUFERIN, ENTKAM MIT IHREN KINDERN DEN LAVAMASSEN DES VULKANS.

Und ich? Ich schaue immer noch gebannt in den Lavasee, dessen Oberfläche wie ein Kaleidoskop aussieht. Jede Sekunde ergeben sich neue Formen und Muster. Die von einem Spinnennetz durchzogene Kruste wird zum Herz, wandelt sich in eine zerfetzte Weltkarte und schmilzt zum Monster. Ein atmendes Ungeheuer, denn der See ist überraschenderweise sehr laut. Obwohl ich noch mehrere hundert Meter oberhalb der Lava bin, kann ich ihre Wärme spüren. Mittlerweile ist es bestimmt schon Mitternacht, ich habe Geburtstag. Der zerstörerischen Urkraft so nah zu sein, macht mir bewusst, dass jeder Tag des Lebens ein riesengroßes Geschenk ist.

RECHTE SEITE: Viele haben ihre Häuser freigelegt oder auf dem erkalteten Lavastrom wieder aufgebaut. Obwohl Wissenschaftler vermuten, dass der nächste Ausbruch einen ähnlichen Weg nehmen wird, wissen viele nicht, wohin sonst. Am 22. Mai 2021 hatten die Menschen von Goma jedoch Glück: Der Lavastrom kam kurz vor dem Stadtrand zum Stillstand. Allerdings wurden mehrere rotglühende Spalten in der Stadt entdeckt, was bestätigte, dass Magma direkt unter Goma fließt. Falls der Vulkan doch länger ruhig bleiben sollte, werden die Menschen trotzdem bedroht: vom 13 Kilometer entfernten Nyamuragira, einem anderen aktiven Vulkan.

RDC, Terre d'Espoir. Pays d'Avenir
Super Cell
Rue A

DIESE DOPPELSEITE: Um zum Krater des Nyiragongo zu kommen, bin ich 1500 Höhenmeter durch den Dschungel und über erkaltete Lavaströme aufgestiegen. Da der Vulkan im Rebellengebiet liegt, haben mich bewaffnete Wildhüter begleitet. Muse zeigt mir nicht nur »Lavabäume«, die entstehen, wenn Lava über Bäume fließt, die anschließend verbrennen, sondern erzählt mir auch von seiner gefährlichen Arbeit als Wildhüter im Virunga-Nationalpark. Obwohl Hunderte seiner Kollegen bereits getötet wurden, möchte er nichts anderes machen. Zum einen, weil er die Natur schützen will, zum anderen auch wegen der Bezahlung. Sie ist sehr gut für ein Land, in dem mehr als 60 Prozent weniger als einen Euro pro Tag verdienen. Und falls ihm doch etwas zustoßen sollte, gibt es aus dem »Fallen Rangers Fund«, einem Geldtopf für gestorbene Wildhüter, Geld für seine Frau und sein Kind.

»SOGAR MEINE FRAU IST STOLZ AUF MEINEN GEFÄHRLICHEN BERUF. SIE SAGT, DASS ES KEINE SCHANDE IST, FÜR SEIN HEIMATLAND ZU STERBEN. DER PARK MUSS ERHALTEN WERDEN, DENN ER GEHÖRT ALLEN KONGOLESEN – UND UNSEREN KINDERN.«

MUSE, PARKRANGER

»ICH WERDE WIEDERKOMMEN, DEM VULKAN BEIM VERÄNDERN ZUSCHAUEN UND ZEIT MIT DIESEN UNGLAUBLICHEN MENSCHEN VERBRINGEN, DIE TROTZ ALLER SCHICKSALSSCHLÄGE SO LEBENSFROH SIND.«

TAGEBUCH

DIESE DOPPELSEITE: Der Lavasee des Nyiragongo galt als der größte der Welt, bevor er bei einer großen Eruption 2021 auslief. Täglich schickte er rund 7000 Tonnen Schwefeldioxid in die Luft, Hauptelement des sauren Regens – mehr als alle Autos und Fabriken in den USA zusammen. Heute ist der Lavapegel im Schlot niedrig, aber er scheint wieder zu steigen. Oft dauert es mehrere Jahre, bis sich nach größeren Eruptionen ein neuer See bildet. Beim Nachbarvulkan Nyamuragira geht es gerade heißer her: Satellitenbilder lassen vermuten, dass sich mehrere Lavaströme in seinem Innern befinden.

CHILE

EIN VULKAN IN EISIGEN HÖHEN

OJOS DEL SALADO – AUF DEN SPUREN DER INKA-MUMIEN

VORHERIGE DOPPELSEITE UND LINKE SEITE: Mit seinen 6893 Metern ist der Ojos del Salado der höchste aktive Vulkan der Welt, der höchste Berg Chiles und der zweithöchste von ganz Südamerika. Er liegt mitten in einer der trockensten Wüsten der Welt, der Atacama. Hier mumifizieren die Körper von Tieren und Menschen, anstatt zu verwesen. So findet man noch heute Mumien der Inka, die so hoch wie möglich, da den Göttern am nächsten, Menschen opferten – oft Kinder. So wie am Cerro El Plomo (Foto links oben), wo sich auf knapp 5400 Metern die letzte Ruhestätte eines Jungen befindet. Der Achtjährige wurde vor mehr als 500 Jahren lebendig geopfert – sein Körper mumifizierte.

»Jetzt kann ich mir aussuchen, wo ich sterbe. Der Abgrund links [...] gehört zu Argentinien, [...] der Abgrund rechts zu Chile: Dazwischen liege ich auf allen Vieren auf einem glatten, schwefelgelben Felsen, suche nach einem halbwegs vertrauenswürdigen Tritt und bange um mein Leben. Mit einer Hand klammere ich mich an die Fixseile, an denen ich mich hochziehen soll. [...] Mein Kopf ist benebelt. Vielleicht sind es Schwefeldämpfe, vielleicht ist es die Kälte; minus 14 Grad Celsius [...]. Vielleicht ist es der Sauerstoffmangel hier oben, 6880 Meter über Normalnull.«

So schreibt Claus Hecking für den *Spiegel*. Ich finde, das klingt perfekt für eine Hochzeitsreise. Basti und ich haben geheiratet und wollen auf dem höchsten aktiven Vulkan der Welt seine Bergleidenschaft und meine Liebe für Feuerberge vereinen. Wir fliegen nach Santiago de Chile und reisen mit dem Allradfahrzeug in die Atacama-Wüste. Die erste Nacht verbringen wir auf 3800 Metern Höhe an der Laguna Santa Rosa, innerhalb eines verfallenen »Tambo«, Botenhaus der Inka. Diese Hochkultur herrschte zwischen dem 13. und 16. Jahrhundert n. Chr. in den Anden, vom heutigen Ecuador bis Chile und Argentinien. Um das 950 000 Quadratkilometer große Reich zusammenzuhalten, gab es alle 42 Kilometer diese Unterkünfte, die auch als »Telefonleitung« dienten: Man sandte Boten von Station zu Station.

Schon damals stiegen die Inka auf die Berge, um dort hoch oben ihre Kinder den Göttern zu opfern. Diese Menschenopfer sind heute mumifiziert – aber nicht vergessen. In der Mythologie der indigenen Bevölkerung nimmt der auf dem El Plomo gefundene Junge einen besonderen Platz als Wächterkind des Berggottes ein. Deswegen öffnet das Museum in Santiago da Chile einmal im Jahr sein Archiv, sodass man gemeinsam mit dem Kind die Wintersonnenwende feiern kann.

OBEN: An seinem Begräbnisort angekommen, war der 1,40 Meter und 30 Kilogramm schwere Junge sicherlich erschöpft vom beschwerlichen Weg über den Gletscher in der dünnen Höhenluft, den er wahrscheinlich barfuß zurücklegte. Von den Inkapriestern bekam er Kokablätter und Maisbier, bevor er sich in das vorbereitete Loch setzte, in dem er lebend begraben wurde.

»ICH STEHE DORT, WO DER KLEINE ›NIÑO DEL CERRO EL PLOMO‹ GEFUNDEN WURDE, AUF MEHR ALS 5000 METERN. ICH VERSUCHE MIR VORZUSTELLEN, DASS MEIN EIGENES KIND BARFUSS HIERHERLÄUFT, ICH ES LEBENDIG BEGRABE UND ZURÜCKLASSE – UND ICH DANN NOCH STOLZ DARAUF BIN, DASS ICH DEN GÖTTERN SOLCH EINE GABE OPFERE.«

TAGEBUCH

Apropos feiern: Schon am ersten Abend stellen Basti und ich fest, dass eine Hochzeitsreise in den Anden nicht besonders romantisch ist. Um nicht zu erfrieren, muss jeder im eigenen Schlafsack bleiben. Als ich am nächsten Morgen aufwache, schaut nur Bastis Mund aus dem Schlafsack – weiß von Schnee! Er hat Kopfschmerzen von der Höhe. Vorsichtshalber bleiben wir noch eine Nacht länger zur Akklimatisation. Auf unserem nächsten Campplatz bei der Laguna Verde auf 4300 Metern Höhe steht zu unserer Überraschung schon ein Zelt, aus dem merkwürdige Geräusche tönen – ein Röcheln, wie von einem Tier. Ich öffne die Plane – und entdecke einen bärtigen jungen Mann mit Zottelhaaren, der in einer Blutlache liegt und kaum noch atmet. Vielleicht ein Lungenödem? Jede Minute zählt. In Windeseile bringen wir den einsamen Reisenden an die Passstraße, wo wir ihm einen Transport in die fünf Stunden entfernte Stadt Copiapo ins Krankenhaus organisieren. Ohne unsere Hilfe hätte er nicht überlebt.

Wir sind gewarnt und lassen uns noch mehr Zeit für die Anpassung an die Höhe. Das fällt uns nicht schwer, denn an der Laguna Verde gibt es heiße Quellen vulkanischen Ursprungs. Den Tag verbringen wir damit, die umliegenden Sechstausender zu besteigen, abends baden wir unter dem Sternenhimmel. Wer braucht schon 5-Sterne-Hotels, wenn unzählig viele Sterne am Himmel stehen?

Dank Bastis Vater, einem Meteorologen, wissen wir, dass unser Wetterfenster bald naht. Die nächsten Tage verbringen wir im Basislager »Atacama« auf 5300 Metern, die letzte Nacht vor dem Aufstieg im Refugio Tejos auf 5825 Metern. Basti wälzt sich unruhig umher, aber ich schlummere wunderbar, bis um 1 Uhr nachts der Wecker klingelt. Das Thermometer zeigt minus 20 Grad. Im Licht der Taschenlampe

LINKS: Der achtjährige »Junge vom El Plomo« wurde um 1500 nach Christus den Göttern geopfert, um die Macht des Inka-Herrschers zu festigen und um den Bewohnern des Tales Schutz zu geben. (Foto: Museo Nacional de Historia Natural in Santiago de Chile)

laufen wir los, durch mannshohe Eisformationen hindurch, das sogenannte Büßereis. Die markanten Eiszacken bilden sich vor allem in alten Eisfeldern trockener Hochgebirge mit starker Sonneneinstrahlung, wo das Eis nicht schmilzt, sondern unregelmäßig verdunstet.

Als die Sonne aufgeht und uns Wärme schenkt, sind wir schon über 6400 Meter. Hier müssen wir die Steigeisen anlegen, um ein Schneefeld zu queren. Ich habe sie noch nie benutzt, doch Basti hat einen Rat: »Laufe einfach so wie immer, du watschelst sowieso wie eine Ente. Genau so muss man mit Steigeisen gehen, damit man nicht an seinen eigenen Hosenbeinen hängenbleibt.« Wen habe ich da nur geheiratet?

Wenn ich ausrutsche, werde ich mehrere hundert Meter weiter unten vom Büßereis aufgespießt. Aber alles geht gut und mehrere Stunden später stehen wir vor dem letzten Aufstieg. Mir geht es immer noch prima, ich merke die Höhe kaum. Zum Glück, denn jetzt müssen wir aufpassen: Die Felsen sind vereist. Und es ist windig. Mit knapp 100 Stundenkilometern pusten mich die Böen fast um. Es gilt, im richtigen Moment den ausgesetzten Grat zu überqueren. Kurz darauf stehen wir auf dem Ojos del Salado. Was für ein Gefühl! Auch, dass Basti und ich dieses unvergessliche Erlebnis teilen können.

Ein paar Tage nach unserem Gipfelerlebnis laufen wir wieder los. Eine Dreitagestour führt auf den 5400 Meter hohen Cerro El Plomo, wo die Inkapriester ein achtjähriges Kind lebendig begraben haben. Der Weg ist lang und mühsam, wir müssen einen großen Gletscher überqueren. Wie der Junge damals – wahrscheinlich war er sogar barfuß. Wissenschaftler haben die letzten Minuten seines Lebens rekonstruiert: Er bekam noch eine Mahlzeit, dann Drogen, danach musste er in seinem Grab Platz nehmen. Sein Körper soll sich noch ein letztes Mal aufgebäumt haben, um das Gift zu erbrechen. Dann hat sich der Kleine in seinem Umhang gegen die Kälte gehüllt, bevor die Grube über ihm geschlossen wurde. Man rekonstruierte, dass er an Sauerstoffmangel starb und dass er schlief, als der Tod kam. Nachdenklich stehe ich vor dem Steinhaufen.

»ICH BIN GESPANNT AUF DEN BERG. ICH HABE NOCH NIE IN MEINEM LEBEN STEIGEISEN ANGELEGT ODER EINEN EISPICKEL BENUTZT. AUSSERDEM WAR ICH NOCH NIE IN SOLCH EINER HÖHE UNTERWEGS.«

TAGEBUCH

RECHTE SEITE OBEN: Zum Akklimatisieren besteigen wir den San Francisco, einen der vielen 6000er der Atacama-Wüste. Das Hochplateau liegt knapp 4000 Meter über dem Meeresspiegel, ist etwa 300 Kilometer breit und eineinhalbmal so lang wie Deutschland. Die Atacama ist eine der trockensten Wüsten der Welt.

RECHTE SEITE UNTEN: An der Laguna Santa Rosa, berühmt für ihre rosa Flamingos, akklimatisieren wir uns auf 2762 Metern. Die größten Probleme beim Bergsteigen in der Wüste sind nicht nur die Höhe, sondern auch die Isolation, die anhaltende Kälte, der heftige Wind, aber vor allem der Wassermangel. Das Wasser der Laguna ist nicht trinkbar.

LINKE SEITE: Ein Vicunja wandert über die Salzpfanne der Laguna Colorado, am Fuße von aktiven Vulkanen gelegen. Vicunjas sind bestens für ein Leben in Höhen bis zu 5500 Metern angepasst. Ihr besonders feines Wollhaar ist eine perfekte Wärmedämmschicht für die Kälte. Die kleinste Kamelart der Welt hat außerdem ein großes Herz, um dort oben zu überleben.

UNTEN: Ein junger Andenschakal streift ums Basislager auf 5200 Metern. Ich möchte nicht wissen, wovon er sich hier ernährt. Sicherheitshalber vergraben wir unsere Notdurft extra tief im Boden. Andenschakale gehören weder zu den Schakalen noch zu den Füchsen. Sie sind Wildhunde, die normalerweise in Gruppen leben.

»DIE LANDSCHAFT IST UNBESCHREIBLICH SCHÖN, DIE WEITE, DIE FARBEN, DIE EINSAMKEIT. WIR SIND ALLEINE MIT DER GEWALTIGKEIT DER NATUR UND ICH FÜHLE INTENSIV, WIE SEHR WIR DOCH EIN TEIL DER SCHÖPFUNG SIND, WENN AUCH NUR EIN GANZ, GANZ KLEINER.«

TAGEBUCH

»AM GIPFEL ANGELANGT, LIEGT DIE WEITE DER ATACAMA-WÜSTE UNTER MIR. ES IST UNBESCHREIBLICH SCHÖN, EIN BISSCHEN WIE FLIEGEN. ICH KANN VERSTEHEN, WARUM SICH DIE INKAS HIER DEN GÖTTERN GANZ NAHE FÜHLTEN.«

BASTI HOFMANN

LINKE SEITE: Basti kurz vor dem letzten Aufstieg zum Gipfel auf über 6500 Metern. Schon bei 5000 Metern ist der Luftdruck halb so hoch wie auf Seehöhe, dementsprechend weniger Sauerstoffmoleküle sind in der Luft. Wir laufen ganz langsam und lassen uns viel Zeit, bewusst zu atmen. Die letzten Meter gehen wir über einen ausgesetzten Grat. Hier ist unsere Konzentration gefragt, da rechts und links der Abgrund lauert. Doch ich fühle mich keine Sekunde in Gefahr oder außerhalb meiner Komfortzone. In solchen Situationen ist es wichtig, genau auf seinen Körper zu hören.

USA

AUF DEM PAZIFISCHEN FEUERRING

MOUNT ST. HELENS – FEUER UND EIS

VORHERIGE DOPPELSEITE: Treffen Feuer und Eis aufeinander, entstehen nicht nur gewaltige Explosionen, sondern auch riesige Gletscherhöhlen – wie hier direkt über dem Lavadom.

LINKE SEITE OBEN: Das Kraterinnere ist das Ziel einer zehntägigen Forschungsexpedition, die ich als Regisseurin für die Sendung »Terra X« begleiten darf. Ein Helikopter bringt uns auf knapp 2000 Meter.

LINKE SEITE UNTEN: Schneebedeckte Vulkane wie der 2539 Meter hohe Mount St. Helens sind besonders explosiv und gefährlich. Auch mehr als 40 Jahre nach dem verheerenden Ausbruch sind die Narben in der kahlen Landschaft noch zu erkennen.

»Vancouver, Vancouver, this is it!«, funkte der Vulkanologe David Johnston, bevor ihn die Glutwolke erfasste. Es war der 18. Mai 1980. Johnston stand zehn Kilometer vom Vulkan entfernt, doch die Explosion des Mount St. Helens hatte die Kraft von mehr als 500 Atombomben des Hiroshima-Typs. Ihr Knall war noch in 800 Kilometern Entfernung zu hören. Auf einen Schlag verlor der Berg 400 Meter an Höhe und setzte eine gewaltige Glutlawine frei, die 57 Menschen unter sich begrub. Schnee, Eis, Felsen und ganze Gletscher schmolzen.

Unser Ziel ist die Crevasse-Höhle, knapp 250 Meter lang und direkt über dem Lavadom, der gefährlichsten Stelle des Vulkans, an der die Lava wie ein Pfropfen den Weg nach oben versperrt. Wir müssen aneinander angeseilt mit Tourenski den Gletscher überqueren und knapp 500 Höhenmeter bewältigen. Am Höhlentor angelangt, legen wir die Steigeisen an – es geht in den Untergrund. Der Bergführer Alexander Hick lässt den deutschen Forscher Andreas Pflitsch vorsichtig ab. Ein Gasmessgerät hängt einen Meter unter dem Wissenschaftler. Sollte es anschlagen, haben wir nur kurz Zeit, um ihn zu bergen.

Die Höhle ist riesig. Gletscherhöhlen sind nichts Ungewöhnliches, doch durch vulkanische Aktivität entstandene Hohlräume sind gewaltiger und höher – und durch die Gase des Vulkans ungleich gefährlicher. Aus der Decke schmelzen Gesteinsbrocken heraus. Andreas will gerade seine Messgeräte auspacken, als sich ein Felsen aus der Höhlendecke löst und direkt zwischen ihm und dem Kameramann Jochen Schmoll einschlägt … Für heute haben wir genug und kehren ins Lager zurück.

Ein paar Tage später erkunden wir die Godzilla-Höhle, von der bisher 176 Meter vermessen sind. Plötzlich entdeckt Eddy einen neuen Durchgang und dahinter: eine neue Höhle – 528 Meter lang! Eddy tauft sie auf den Namen Mothra, das Monster. Um ein Haar verschluckt das Monster vier unserer Expeditionsteilnehmer. Beim Kartieren der Höhle stürzt der Eingang ein und wir müssen stundenlang graben, um unsere Freunde aus ihrem Gefängnis zu befreien.

Bisher ist nur ein Bruchteil aller Höhlen des Mount St. Helens erfasst. Es gibt noch viel zu tun, vor allem, weil das System sich sehr schnell verändert. Keiner weiß, ob die Höhlen, die wir heute erforschen, morgen noch da sind. Doch eines ist gewiss: Seit 1980 starben mehr als 25 000 Menschen weltweit durch Vulkanausbrüche. Es ist wichtig, Eruptionen vorhersagen zu können. Und so wird das subglaziale Frühwarnsystem, das am Mount St. Helens entwickelt wird, hoffentlich helfen, auch andere Vulkane besser zu verstehen.

»ICH MÖCHTE HERAUSFINDEN, OB DIE VERÄNDERUNG DER HÖHLEN MIT DER AKTIVITÄT DES VULKANS ZUSAMMENHÄNGT, UND SO EIN SYSTEM ENTWICKELN, UM DEN VULKAN AUCH UNTER DEM EIS ZU ÜBERWACHEN.«

EXPEDITIONSLEITER »EDDY« CARTAYA

RECHTE SEITE OBEN: Wenige Meter neben unserem Zelt klafft eine riesige Öffnung, die während des Blizzards in der Nacht nicht zu sehen war: Wir campen direkt über einem Höhlensystem! Zum Glück hält die Höhlendecke und der Weg zur Arbeit ist so auch nicht weit.

RECHTE SEITE UNTEN: Seit knapp zehn Jahren vermessen der Expeditionsleiter Eduardo Cartaya und sein Team aus freiwilligen Helfern die Gletscherhöhlen im Krater des Vulkans, um dreidimensionale Karten der Hohlräume zu erstellen. Fast ein Jahr dauern die Vorbereitungen einer Expedition.

NÄCHSTE DOPPELSEITE: Wenige Stunden nach diesem Foto stürzte der Eingang ein, mehrere Forscher waren noch in der Höhle. Wir sind die ersten Menschen der Welt, die diese Höhlen erkunden und vielleicht auch die letzten, die diese zerbrechliche Schönheit sehen durften.

MOUNTAIN
RESCUE

»TROTZ INTENSIVER FORSCHUNGEN BLEIBT DER BERG AUCH MEHR ALS 40 JAHRE NACH DEM VERHEERENDEN AUSBRUCH EIN RÄTSEL. EINES JEDOCH IST GEWISS: DER MOUNT ST. HELENS IST EIN GEFÄHRLICHER VULKAN UND ER WIRD WIEDER AUSBRECHEN. DIE FRAGE IST NUR: WANN?«

TAGEBUCH

DIESE DOPPELSEITE: Die Forscher testen die Atemschutzgeräte. Für das Arbeiten in der Höhle sind sie überlebenswichtig. Während Eddy und sein Team die Höhle vermessen und kartieren, sucht der Biologe Roberto Anitori nach Mikroben und anderen Lebensformen, um unter anderem Rückschlüsse auf das Leben auf dem Mars zu ziehen. Und Geochemiker Aaron Curtis testet einen Eiskletterroboter. Er hofft, dass diese Roboter irgendwann selbstständig forschen können und es mit ihrer Hilfe gelingt, auf den Eismonden nach Leben zu suchen.

ISLAND

DIE GRÖSSTE VULKANINSEL DER WELT

FAGRADALSFJALL – DER TOURISTEN-VULKAN

VORHERIGE DOPPELSEITE: Wenige Meter trennen die Schaulustigen von der Lava. Im Gegensatz zu anderen Ländern gibt es in Island keine Verbote, sich dem Vulkan zu nähern.

LINKE SEITE OBEN: Geologisch ist Island ein Baby. Die Insel wuchs vor nur rund 15 Millionen Jahren durch vulkanische Aktivität aus dem Nordatlantik empor und liegt auf zwei Platten, die jährlich rund zwei Zentimeter auseinanderdriften.

LINKE SEITE UNTEN: In Island leben 370 000 Einwohner – vier pro Quadratkilometer. Bei der Eruption 2021 haben nach Angaben des Fremdenverkehrsamtes ungefähr so viele Menschen den Vulkan besucht.

Ich zittere. Vor Kälte. Es ist die dritte Nacht ohne Schlaf am Vulkan. Vor mir sprudelt die Lava aus einem neu entstandenen Krater und ergießt sich ins Tal. Ein unbeschreibliches Schauspiel: zuschauen, wie neue Erde entsteht. Aber ich kann nicht mehr. Ich habe seit Tagen kaum gegessen und fast nichts getrunken. Zu schwer ist die Fotoausrüstung, die ich mitschleppen muss, kein Platz im mehr als 20 Kilogramm schweren Rucksack für Bequemlichkeiten. Aber jetzt würde ich gerne ein Objektiv gegen eine Decke tauschen.

Mein Zittern will gar nicht mehr aufhören und macht das Fotografieren aus freier Hand unmöglich. Aber auf meinen vielen Reisen zu Vulkanen habe ich gelernt: Leidenschaft hat viel mit Leiden zu tun und Beschweren hilft nicht. Kurzerhand wuchte ich meinen Rucksack auf den Rücken, schultere das Stativ und kraxle vorsichtig los, den steilen Hang nach unten, dorthin, wo die glühende Lava wartet. Besser nicht ausrutschen! Sonst würde ich wahrscheinlich gleich beim Kontakt mit der knapp 1200 Grad heißen Glut aus dem Erdinnern verbrennen. Ich setze jeden meiner Schritte mit Bedacht. Meine jahrelange Erfahrung mit Feuerbergen hat mich trittsicher werden lassen – aber auch leichtsinnig. Eigentlich sollte ich nicht so nah an die Lava, denn oft treten giftige Gase aus wie Kohlenmonoxid, das man nicht riecht und das sich besonders gern in Senken ansammelt.

Obwohl ich es besser wissen müsste, kauere ich mich direkt am frischen Lavastrom in eine kleine Kuhle. Mir ist zu kalt, als dass mein Verstand noch richtig funktionieren würde. Gerade in solchen Senken sammelt sich das Kohlenmonoxid an! Wenige Atemzüge reichen zur Bewusstlosigkeit und nach knapp zehn Minuten kann der Tod

OBEN: Die Landschaft verändert sich stündlich, immer neue Formen werden vom Künstler namens Natur erschaffen. Einmal sieht der Lavastrom aus wie ein Adler, dann wie eine Ente. Oder ein Lavadrache? Aus der Vogelperspektive scheint das Lavafeld riesig. Und doch ist es geologisch gesehen nicht mal ein kleiner Kratzer in der Erdkruste.

»VOR MEINEN AUGEN SPRUDELT DIE LAVA AUS DEM ERDINNERN UND FLIESST ÜBER DIE EBENE. ICH DARF DABEI ZUSCHAUEN, WIE NEUES LAND ERSTEHT UND BIN DEM URSPRUNG DER ERDE GANZ NAHE. EINFACH NUR WOW.«

TAGEBUCH

durch Vergiften eintreten, je nach Konzentration schon früher. Vor allem heute Nacht wäre das fatal: Außer mir sehe ich niemanden. Tagsüber ist der Vulkan stark besucht, die Besucherschlangen wälzen sich über die Bergflanken. Ob in Flip-Flops, in kurzen Hosen, im Bikini oder mit Gasmaske, Helm und in voller Schutzausrüstung: Die Vulkanbesucher sind alle unterschiedlich. Doch eines vereint sie: das Leuchten in ihren Augen, wenn sie den Vulkan das erste Mal sehen.

Gestern stand ich mit meiner Kamera genau an diesem Punkt des Weges zur Ausbruchstelle, an dem die Besucher die Lava das erste Mal sehen konnten. Bei allen war die Faszination für die Urgewalt der Erde auf dem Gesicht zu lesen – bei manchen allerdings erst nach den Selfies. Ich weiß nicht, ob je ein Vulkanausbruch besser in den sozialen Medien dokumentiert wurde als der des Fagradalsfjall. Aber so habe auch ich hierher gefunden: Ohne die Bilder in den sozialen Medien hätte ich nicht gewusst, dass dieser Vulkan so stark besucht ist. Genau das finde ich so spannend! Sonst suche ich auf den Feuerbergen dieser Welt die Einsamkeit, habe unzählige Nächte allein an oder in Vulkanen verbracht. Hier fasziniert mich, dass viele Menschen dieses Naturschauspiel zum ersten Mal erleben können und so unterschiedlich wahrnehmen.

Seit mehr als 6000 Jahren war der Fagradalsfjall nicht aktiv. Bis zum 19. März 2021, als sich eine mehr als 600 Meter lange Spalte 40 Kilometer von der Hauptstadt Reykjavik entfernt öffnete und der Vulkan ausbrach.

Normalerweise interessieren mich Vulkane, in deren unmittelbarer Nähe Menschen leben. Menschen, deren Leben durch Feuerspucker bedroht ist. Aber hier war es anders: Die Leute reisten zum

LINKS: Selfie mit der Drohne. Nur mit einer dünnen Plane bedeckt biwakiere ich bei Minusgraden am Vulkan, um im Morgengrauen Luftaufnahmen zu machen. So kann ich ungestört fliegen, ohne mit anderen Drohnen oder gar Flugzeugen zusammenzustoßen.

Vulkan, brachten sich teilweise in brenzlige Situationen und riskierten sogar manchmal ihr Leben. Zum Glück ist noch nichts passiert, obwohl viele ohne ausreichendes Schuhwerk und ohne wärmende Kleidung zum Fagradalsfjall pilgern. So wie ich … Bei meinem ersten Besuch 2021 war es nicht so kalt wie jetzt, ich musste nicht so viel schleppen und außerdem war ich gemeinsam mit Basti unterwegs. Heute bin ich alleine in der Eiseskälte.

Hoffentlich wird auch mir nichts passieren. Mittlerweile sind meine Finger wieder wärmer und ich habe aufgehört zu zittern. Das erste Blau ist am Himmel zu sehen. Ich kann kaum erwarten, dass die ersten Sonnenstrahlen mich wärmen. Doch zuvor kommt der Moment, auf den ich die Nacht über gewartet habe: Ich kann meine Drohne fliegen lassen. Tagsüber ist das fast unmöglich, denn am Himmel brummt und schnurrt es ständig. Nicht nur, dass Hunderte von Drohnen in der Luft sind, zu Hochzeiten kamen noch vier Motorflieger und fünf Hubschrauber hinzu. Keine Ahnung, wie viele Fluggeräte in der Lava liegen, wie viele zu einem kleinen Klumpen Plastikabfall geschmolzen sind – wenn überhaupt etwas davon übrig geblieben ist.

Mit Hilfe meiner Drohne sehe ich, dass ich bald nicht mehr allein sein werde. Am Horizont sind die ersten kleinen Pünktchen zu erkennen: Wanderer, die sich aufmachen, den Sonnenaufgang am Vulkan zu erleben. Sie müssen schon früh aufgebrochen sein, denn die Tour ist immerhin zwei Stunden lang. Für viele ist es die Wanderung ihres Lebens. Der Weg geht beschwerlich über spitzes Lavagestein und ist teilweise sehr steil – aber der Vulkan entschädigt für alles! Vor allem aus der Luft ist der Anblick gewaltig: Die Lavaströme ergießen sich

RECHTE SEITE: Island ist nicht nur die größte Vulkaninsel, sondern auch das Land mit dem größten Gletscher in Europa. Feuer und Eis haben zusammen mit Wasser und Wind das wilde Land geformt. Es soll für alle zugänglich sein und so beschlossen die Isländer, eine Infrastruktur für Vulkanbesucher zu erschaffen. Wanderwege und Parkplätze wurden gebaut, ein App für das Handy mit dem Wegenetz entwickelt und ein Warnsystem per SMS etabliert. Freiwillige Rettungskräfte aus dem ganzen Land sorgen für die Sicherheit am Vulkan. Und wer den Weg scheut, kann die Eruption per Webcam vom Wohnzimmer aus verfolgen.

RECHTS: Nach der ersten Eruption zieht der Projektmanger der Icelandic Association for Search and Rescue ICE-SAR Jónas Guðmundsson Bilanz: »Wir hatten 350 Unfälle, das sind nur 0,1 Prozent. Angesichts der Bedingungen im Winter, im bergigen Gelände und am aktiven Vulkan ist das keine hohe Zahl.«

VORHERIGE DOPPELSEITE: Das Blut der Erde. Untersuchungen der 1200 Grad heißen Lava überraschen Wissenschaftler. Die Zusammensetzung der Lava änderte sich innerhalb weniger Wochen radikal. Man vermutet, dass der Vulkan statt »abgestandenem« Magma aus der Magmakammer frisches Magma direkt aus dem Erdmantel fördert.

LINKE SEITE: Mit acht Metern pro Sekunde sprudelt dünnflüssige Lava aus dem Kraterschlund. Um der neuen Erde beim Entstehen zuzuschauen, pilgern Tausende Besucher pro Tag zum Vulkan. Am vergangenen Sonntag waren es mehr als 6000. Bei Tagesanbruch bin ich jedoch fast ganz alleine am Lavastrom.

wie Leuchtreklame in das schwarze Tal. Am Horizont geht die Sonne auf und lässt die aufsteigenden Gase leuchten. Für mich ein magischer Anblick, den Einheimischen macht er aber auch Angst. Die Isländer befürchten, dass die Lava die Straße versperrt, eine wichtige Verbindung zwischen West und Ost. Zum Glück ist das bisher nicht der Fall und die Lava bleibt brav im Geldingadalir-Tal. So, wie es sich für einen Touristenvulkan gehört. Apropos Tourist: Besser kann man die Bühne für das Naturschauspiel nicht planen. Wie in einem Amphitheater schaut man von den Hängen des Berges gegenüber dem Vulkan direkt in den Schlot, in den brodelnden Hexenkessel, in dem die Lava in hohen Fontänen in den Himmel spritzt und sich dann ins Tal ergießt.

Als meine Drohne wieder zurückkommt, sind die ersten Besucher schon bei den obersten Zuschauerrängen angelangt. Ich muss jetzt aufsteigen, denn zu gefährlich sind die aus Versehen losgetretenen Steine von dort oben. Es wird langsam heller und die ersten Fotografen bauen ihre Stative auf. Plötzlich ruft es von oben: »Ulla! Bist du nicht die Ulla?« Ich muss lachen, noch nicht mal am Vulkan hat man seine Ruhe! Doch als ich entdecke, dass drei Fotografen aus Deutschland, die mich aus den Medien kennen, Kaffee dabeihaben, den sie bereitwillig mit mir teilen, freue ich mich riesig über diese unerwartete Begegnung mit drei Fremden, die schnell zu Freunden werden.

Apropos Verpflegung: Der cleverste Mensch am Vulkan ist Helge, der einen Imbissstand am Parkplatz des Vulkans betreibt und an die Besucher Bier und Würstchen verkauft. Und der glücklichste Mensch bin wahrscheinlich ich, denn nach meinem Kaffee mit den Deutschen treffe ich Ola und Cyndi aus dem Saarland, die mich auf einer Reise

LINKS: Der Fotograf Karim Iliya hat knapp 200 000 Follower auf Instagram und schreibt dort: »Wir halten Steine für tote Dinge, aber wenn man sie ausreichend erhitzt, werden sie lebendig und bewegen sich wie Wasser. Unser Planet ist geologisch lebendig. Die Eruption war eines der unglaublichsten Dinge, die ich je erlebt habe.«

zum Stromboli begleiteten und die ich dort mit dem Vulkanvirus infizieren durfte. Sie schenken mir nicht nur Essen, sondern auch kostbares Wasser. Was für eine Wohltat, nach fast 24 Stunden wieder etwas zu trinken! Glück kann so einfach sein …

Der Einzige, der sich ärgert, am Vulkan zu stehen, ist Ragnar aus Reykjavik. Beim ersten Ausbruch im vergangenen Jahr dachte er, dass die Eruption nicht spektakulär genug sei, um die 40 Kilometer lange Reise aus der Hauptstadt auf sich zu nehmen. Seinem internationalen Besuch zuliebe ist er diesmal mitgegangen – und ärgert sich nun ungemein, dass er das Schauspiel im vergangenen Jahr verpasst hat.

Der Fluglotse Einar hingegen war schon ganz oft hier, bestimmt mehr als hundert Mal. Auch heute wollte er vor seiner Arbeit noch einmal kurz vorbeischauen: In drei Stunden muss er im Tower sitzen, um die Flugzeuge mit den nächsten Touristenströmen einzuweisen. Zum Glück ist er gut zu Fuß.

Nur die drei wuscheligen Hütehunde, die eine Besucherin begleiten, sind schneller. Der kleinste Vulkanbesucher, dem ich begegnet bin, ist ein wenige Monate altes Baby in der Trage von Mama und Papa.

Eine alte Dame erzählt mir bei ihrer Rast nach den ersten 200 Metern erschöpft, dass sie knapp 90 Jahre alt sei, aber einmal in ihrem Leben solch ein Schauspiel sehen möchte. »Auch wenn ich nicht mehr zurückkomme!« Ich mache mir große Sorgen, ob sie es überhaupt schaffen wird, aber am Nachmittag treffe ich sie am Lavastrom. Mit Tränen der Rührung in den Augen. Schweigend umarmt sie mich. Falls ihr etwas auf dem Rückweg zustoßen sollte, ist dies dank der vielen freiwilligen Helfer der zivilen Einsatzkräfte auch kein Problem.

»ICH WEISS, DASS ES GEFÄHRLICH UND BESCHWERLICH WIRD – ABER ICH WOLLTE UNBEDINGT HIERHERKOMMEN. UNTERWEGS MUSSTE ICH ANHALTEN UND EIN BISSCHEN WEINEN, WEIL ES SO SCHÖN IST, DIE PURE KRAFT DER ERDE ZU SPÜREN.«

UNBEKANNTE BESUCHERIN

RECHTS: In seinem mobilen Imbiss verkauft Helge Pommes, Kaffee und mehr an die Vulkanbesucher. Das Geschäft läuft prima und er findet es wunderbar, Menschen aus der ganzen Welt zu treffen und zu sehen, wie verändert jeder von seinem Vulkanerlebnis zurückkommt. Am Lavastrom war er selbst noch nicht – viel zu viel zu tun.

Am Vulkan ist noch keiner zurückgeblieben: Verletzte Besucher werden mit dem Quad, aber auch mit dem Helikopter evakuiert.

Selbstverständlich sind auch viele Fotografen anwesend: Ich treffe den Filmemacher Jon, der sein Zelt für spektakuläre Aufnahmen vor dem Vulkan aufgebaut hat. Jedoch nutzen die drei deutschen Fotografen sein Zelt als Windschutz und haben es sich dahinter gemütlich gemacht. Jon kann seine Fotos mit einsamem Zelt von dem Vulkan vergessen, aber er sieht es pragmatisch. Die drei sind sehr nett – und haben guten Kaffee dabei.

Drei Tage und Nächte verbringe ich am Vulkan, schlafe kaum, fotografiere viel und treffe unglaublich nette, aber sehr unterschiedliche Menschen, die mich nebenbei mit Essen und Trinken versorgen. Was will man mehr? So ein Vulkan schweißt zusammen und schafft unvergleichliche Erinnerungen.

So unterschiedlich die Menschen sind, so verschieden sind auch ihre Motivationen, einen aktiven Vulkan zu sehen. Aber ich denke, wenn alle Menschen einmal ins Herz der Erde geblickt hätten und verstehen würden, wie klein der Mensch und wie groß die Natur ist, dann wäre die Welt ein besserer Platz.

OBEN: Vor lauter Staunen über die Leistung der fast 90-jährigen Dame habe ich vergessen, sie nach dem Namen zu fragen. Der Weg zum Vulkan und zurück ist immerhin zehn Kilometer und geht in unwegsamen Geländen teils steil bergauf. Ich bin mehr als beeindruckt, was man schafft, wenn man etwas wirklich will.

SPANIEN

LEBEN AUF DER LAVA

CUMBRE VIEJA – EIN BERG ERWACHT

Der Himmel leuchtet. Alles ist in rotes Licht getaucht. Viele Menschen sind auf dem Platz vor der Kirche von Tajuya zusammengekommen. Sie schweigen und schauen dem Vulkan zu, der vor sich hin glüht. Es ist eine friedliche, fast festliche Stimmung. Passend zum nahenden Weihnachtsfest. In der Kirche baut Rubén López, Vulkanologe vom Instituto Geográfico Nacional, mit dem Pfarrer die Weihnachtskrippe aus Vulkangestein auf, dekoriert mit Asche der Eruption. Die spanische Version von »Stille Nacht, heilige Nacht« ist leise zu hören, gemischt mit dem Grollen des Vulkans.

VORHERIGE DOPPELSEITE: Am 19. September 2021 bricht der Cumbre Vieja aus und zerstört knapp 3000 Häuser, 7000 Menschen müssen fliehen. Die Eruptionen sind so heftig, dass sie Eruptionsgewitter erzeugen. Feine Ascheteilchen laden sich bei Reibung statisch auf und bauen diese Ladung in Blitzen ab. An diesem Abend zucken gleichzeitig Gewitterblitze durch die Wolken.

LINKE SEITE: Ein kilometerbreiter Lavastrom fließt durch die Dörfer bis ins Meer und umschließt das Zuhause von Hans und Carina. Die Deutschen haben ihr Haus nicht verloren, doch keiner weiß, ob sie es je wieder bewohnen können. Und ob sie ihre Katze Kasimir wiederfinden.

Lava hat die Insel gebaut – und viele Dörfer begraben. Beim Ausbruch 2021 hat der Vulkan mehr als 900 Millionen Euro Schaden angerichtet, aber niemand kam ums Leben, die Forscher konnten den Ausbruch vorhersagen.

La Palma entstand vor etwa drei Millionen Jahren an einer Schwachstelle in der Erdkruste, an der heißes Magma aus dem Erdinnern aufsteigen konnte. Dieser sogenannte Hotspot bleibt immer an derselben Stelle, nur die Erdkruste bewegt sich. So entstanden die Kanaren – eine ganze Kette aus Vulkaninseln.

Als sich im September 2021 Risse im Cumbre-Vieja-Bergrücken auf La Palma öffneten, lösten sie einen der zerstörerischsten Vulkanausbrüche auf den Kanaren seit 500 Jahren aus. Lavafontänen schossen Hunderte Meter in die Luft und schleuderten ihr geschmolzenes Gestein durch die Luft. Dort, wo vorher ein Hang war, an den sich Häuser, Bauernhöfe und Plantagen schmiegten, ist jetzt ein 200 Meter hoher, feuriger Vulkanschlot. Mehr als 200 Millionen Kubikmeter Lava flossen aus ihm über die Insel. Zerstörerisch, aber wunderschön. So wie jetzt.

OBEN: Mein Sohn Manuk spielt auf dem von Asche bedeckten Fußballplatz vor der Kirche, als wäre es das Selbstverständlichste der Welt, dass der Vulkan die Nacht erleuchtet. Auf der Terrasse stehen Touristen aus der ganzen Welt und machen Selfies neben Menschen mit Tränen in den Augen.

Ich greife wieder zur Kamera. Der Lavastrom wälzt sich weiter den Hang hinunter, auf die nächsten Häuser zu. Lange habe ich gezögert, nach La Palma zu fliegen, wollte keine Katastrophentouristin sein und womöglich Rettungsmaßnahmen behindern. Erst als mich der *Stern* beauftragt hat, bin ich losgezogen. Gerade noch rechtzeitig, denn es ist die letzte Nacht, in der der Vulkan Lava spuckt. Anschließend versiegt der Strom.

»ICH BIN ZWIEGESPALTEN. DAS NATURSCHAUSPIEL IST UMWERFEND UND ICH BIN GLÜCKLICH, DASS ICH DAS ERLEBEN DARF. DOCH AUF DER ANDEREN SEITE IST DIE ZERSTÖRUNG, DIE TRAUER DER MENSCHEN, DIE ALLES VERLOREN HABEN.«

TAGEBUCH

Am nächsten Abend bin ich wieder an der Kirche in Tajuya. Heute ist alles dunkel. Trotzdem sind viele Menschen da. Sie schweigen. Als könnten sie es nicht fassen. In der Kirche laufen noch immer Weihnachtslieder vom Band. Am 25. Dezember wird der Ausbruch offiziell für beendet erklärt.

Den neuen Schlot nennt man jetzt Tajogaite. So bezeichneten die Ureinwohner, die Guanchen, dieses Gebiet. Das Gute ist: Der Vulkan ist monogenetisch, das heißt, er brach nur einmal aus und es wird höchstwahrscheinlich nie wieder einen Ausbruch an genau dieser Stelle geben. Das Gefährliche: Man weiß nicht, wo die nächste Ausbruchsstelle sein wird. Das erzeugt Angst. Viele Einwohner haben zum ersten Mal die volle geologische Kraft der Insel erlebt – zuletzt gab es 1971 einen Ausbruch. Niemand war vorbereitet.

Auch ein Jahr nach dem Ausbruch leben viele Familien in provisorischen Unterkünften und warten auf versprochene Gelder der Versicherung und der spanischen Regierung sowie auf Entscheidungen über den Wiederaufbau. Einige haben Mühe, Eigentum an ihrem Land nachzuweisen, da sie auch juristische Dokumente verloren haben. Andere haben ihren Besitz nicht versichert und erhalten nur wenige Euro. Und es bleibt die Frage: Wie kann man das zerstörte Land

LINKS: Die Fotografin Julia Burkhardt bannt die Kraft der Eruptionen in wunderschöne Fotos. Das gelingt nicht immer: Die Bilder werden verwackelt, wenn wieder eine große Explosion den Boden zum Beben bringt. Zeitweise sind die Lavafontänen bis zu 500 Meter hoch, die Explosionen sind ohrenbetäubend laut.

nutzen? Einige Teile werden als Nationalpark ausgewiesen, andere Bereiche wird man wieder für Gebäude oder für Landwirtschaft nutzen können. Doch vieles wurde »Malpais«, »schlechtes Land«. Zubetoniert durch zerklüftete, scharfkantige Lava.

Der Ausbruch traf besonders den Bananenanbau, eine der Haupteinkommensquellen der Insel. Nun wird überlegt, ob der trockene Süden überhaupt für Bananen geeignet ist. Die Katastrophe zwingt zum Umdenken. Und sie hat den Zusammenhalt der Menschen gestärkt. Viele nehmen fremde Familien auf oder engagieren sich in Notunterkünften für die traumatisierten Kinder.

Ich habe Pedro und seine Freunde kennengelernt, die sich seit Monaten unentgeltlich um heimatlos gewordene Bauernhoftiere kümmern. Bis zu zehn Stunden am Tag arbeitet der Student im provisorisch aus Zeltplanen errichteten Stallgebäude und lernt erst nachts für seinen Master in Psychologie. »Vor allem tun mir die alten Menschen leid, die noch nie in ihrem Leben von ihren Tieren getrennt waren und ihre Schafe oder Ziegen als Familienmitglieder sehen. Keiner weiß, was die Zukunft bringt und ob den Tieren nicht der Schlachthof droht.« Wahrscheinlich wird es gut ausgehen. Die Regierung und internationale Organisationen greifen den Opfern unter die Arme. Natürlich klappt das nicht immer, aber im Vergleich zu anderen Ländern, wo es keine Unterstützung nach einem Vulkanausbruch gibt, wo die Menschen jahrzehntelang in den Trümmern ihrer zerstörten Häuser hausen, scheint es, als haben die Einwohner von La Palma noch Glück im Unglück.

Ich bin zwiegespalten. Die Einzelschicksale machen mich traurig, aber es stimmt mich auch nachdenklich, wie sehr wir an unseren Besitztümern festhalten. Wie es wohl mir erginge, wenn ich alles verlöre, was ich besitze? Nachdenklich schaue ich einem kanarischen Raben nach, der seine Kreise im Nebel über einer urtümlichen Landschaft dreht, die von Vulkanen geformt wurde. Ein Moment für die Ewigkeit. Vulkane zeigen mir so oft, auf was es ankommt: darauf, dass wir die kleinen Momente des Lebens sehen und genießen.

»ICH VERSPÜRE DANKBARKEIT. DER VULKAN HAT MIR ZWAR ALLE BESITZTÜMER GENOMMEN, ABER ER HAT MIR AUCH GEZEIGT, WAS WIRKLICH WICHTIG IST IM LEBEN. NICHT DAS, WAS MAN HAT, SONDERN DAS, WAS MAN IST.«

GABRIELE-PETRA GIESEMANN, LEBENS- UND UNTERNEHMENSBERATERIN

— ▲ —

RECHTE SEITE OBEN: Drei Monate floss die Lava den Hang hinunter und überwältigte alles auf ihrem Weg: Auf den sechs Kilometern vom Vulkan zum Meer waren vorher Häuser, Restaurants, Geschäfte, Kirchen, Felder, Bananenplantagen, Spielplätze und Schulen. Jetzt ist alles meterhoch unter der Lava begraben.

RECHTE SEITE UNTEN: Durch den Ausbruch wurde die Insel mehr als 17 Hektar größer. Die neue Plattform im Meer ist 500 Meter breit und 24 Meter tief. Wenn die heiße Lava mit dem kalten Meerwasser in Berührung kommt, kann es Explosionen geben und riesige Dampfschwaden mit giftigen Gasen können freigesetzt werden.

FOLGENDE DOPPELSEITE: Diese Häuser wurden verschont. Wie eine Insel im Meer liegen sie inmitten der schwarzen Lava. Im Hawaiianischen nennt man sie »Kīpuka« – Orte, an denen Leben trotz widriger Bedingungen bestehen bleibt. In Sizilien heißen solche Inseln »Dagala« – von Gott verschont.

DIESE DOPPELSEITE: Weltweit leben etwa 60 Millionen Menschen im Schatten aktiver Vulkane. Mit dem Wachstum der Weltbevölkerung und der immer dichteren Besiedlung der Erde werden Katastrophen wie auf La Palma zunehmen. Wissenschaftler hoffen, dass sie die Menschen durch ein besseres Verständnis dessen, was hier passiert ist, besser auf zukünftige Vulkankatastrophen vorbereiten können. Sie untersuchen auch, was man mit der Lava und Asche nach einem Ausbruch machen kann. Asche wird nicht nur als Dünger genutzt, man kann sie auch im Zement verwenden, um den CO_2-Fußabdruck des Baumaterials zu verringern. Lavasteine können zum Bau von Häusern verwendet werden.

DIESE DOPPELSEITE: Noch vor einem Jahr war dieses Gebiet der Insel ein grüner Wald mit verstreuten Häusern. Jetzt liegt alles unter Asche begraben. Viele Pflanzen auf La Palma haben sich an die Herausforderungen des Lebens auf einer Vulkaninsel angepasst. Die Kanarenkiefer (Pinus canariensis) kann der sengenden Hitze von Ausbrüchen, Waldbränden und wahrscheinlich auch den vulkanischen Gasen standhalten. Neue grüne Sprösslinge sind Zeichen dafür, dass die Bäume – wie die Menschen auf La Palma – darum kämpfen, sich wieder aus der Vulkanasche zu erheben.

»MEIN MANN HASST DEN VULKAN. ICH BIN VOR ALLEM FASZINIERT, JEDE NACHT SCHAUE ICH DAS FEUERWERK AN. ABER ICH HABE AUCH GROSSE ANGST UM UNSER HAUS.«

IDA LEBT WENIGE KILOMETER VOM KRATER ENTFERNT IM LIEBEVOLL EINGERICHTETEN »CASITA LA ROSA«.

LINKS: Eine Landschaft aus dem Feuer geboren: Der Vulkanausbruch ist eine seltene Chance für Forscher, der Evolution bei der Arbeit zuzuschauen. Die weißen Punkte sind Einschläge von vulkanischen Bomben. Die Wissenschaftler wollten dieses Gebiet für Besucher sperren, um die einzigartigen Landschaftsformen zu bewahren.

DIESE DOPPELSEITE: So zerstörerisch sie auch sind, Vulkane haben die Kanarischen Inseln geformt und das Land in ein einzigartiges Fleckchen Erde verwandelt – mit steilen Küsten, zerfurchten Bergen und schwarzen Sandstränden bis hin zu Pflanzen und Tieren, die nirgendwo anders zu finden sind, wie dem Kanarischen Kolkraben, der über den Wolken zu schweben scheint.

»WIR WERDEN ES SCHAFFEN, GENAU WIE UNSERE VORFAHREN. DAS SIND WIR DER NÄCHSTEN GENERATION SCHULDIG.«

NOELIA GARCÍA LEAL, BÜRGERMEISTERIN VON LOS LLANOS DE ARIDANE UND PSYCHOLOGIN

ITALIEN

LAVA UND LEIDENSCHAFT

MAMMA ÄTNA – DIE KAPRIZIÖSE

Wie eine kapriziöse Dame benimmt »Sie« sich. Zumindest mir gegenüber. Jedes Mal, wenn ich auf einen Ausbruch wartete (insgesamt war ich weit über ein Jahr vor Ort), tat sich nichts. Immer, wenn ich Sizilien verlassen musste, explodierte der ganze Berg in den spektakulärsten Farben und Formen. Wie, als würde mich »Mamma Ätna« an der Nase herumführen. Dabei hat sie doch so gut auf mich aufgepasst, als ich noch klein war und mich nicht mit Vulkanen auskannte. Im Jahre 2002 durfte ich einen Ausbruch als Assistentin eines Fotografenteams miterleben.

VORHERIGE DOPPELSEITE: Vor meinen Augen quillt Lava aus dem Erdinnern, erst gelb, dann rot und dann erkaltet sie langsam. Es entsteht neue Erde. Am Ätna wird seit mehr als 2000 Jahren beobachtet; was genau im Untergrund passiert, weiß man trotzdem nicht. Leben auf dem Pulverfass für die etwa 900 000 Menschen im Einflussbereich des Vulkans?

LINKS: Dieses Bild gelang mir 2002, als ich zum ersten Mal am Ätna war und einen gewaltigen Ausbruch miterleben durfte. In dem Jahr wurden die Seilbahnstation und mehrere Häuser von Lava überrollt. Ein gewaltiger Ausbruch ereignete sich 1669, als große Teile Catanias zerstört wurden und 20 000 Menschen starben.

Unvergessen die erste Nacht in der Nähe des Kraters, als rotglühende Steine kilometerhoch in den Himmel geschleudert wurden, Blitze durch die Luft zuckten und es grollte, als würde die Welt untergehen. Zitternd vor Aufregung und vor Kälte entdeckte ich, dass es Fumarolen gibt, Stellen, an denen heißes Gas nach oben kommt und an denen ich mich wärmen kann. Es erschien mir, als würde mich Ätna willkommen heißen und mich umarmen. Beim Warten auf mein Team bin ich sogar eingeschlafen, trotz des zitternden Bodens und der stechenden Gase in der Luft, geborgen vom Vulkan.

Dass ich einschlafe, wenn der Vulkan explodiert, würde mir heute nicht mehr passieren. Leider hat mir der Ätna bisher nicht mehr den Gefallen getan, dass er einen »Paroxysmus« erzeugte, einen für diesen Vulkan typischen sehr großen, aber kurzen Ausbruch. Als ich da war, gab's »nur« kleine Lavaströme.

Vielleicht sollte Venus öfters fremdgehen? Laut Sage soll der römische Gott Vulcanus jedes Mal, wenn er vermutete, dass ihm seine Gefährtin untreu war, das Schmiedefeuer so stark geschürt haben, dass der Vulkan ausbrach. Für die Menschen, die an den Flanken des Ätna leben, ist es ganz normal, dass der Berg, den sie Mongibello

OBEN: Der »Mongibello«, frei übersetzt »Berg der Berge«, erleuchtet die Nacht. Er liegt an einer Kreuzung von zwei Störungssystemen; dort, wo sich die afrikanische unter die europäische Platte schiebt und an der Comiso-Messina-Störung, wo die Straße von Messina absackte und so Sizilien vom Festland trennte.

»ICH KANN NICHT SCHLAFEN, WENN DER ÄTNA LEUCHTET. ICH MUSS IMMER WIEDER NACH DRAUSSEN UND SCHAUEN. UNGLAUBLICH, WIE SELBSTVERSTÄNDLICH DIE MENSCHEN MIT DEM GLÜHENDEN BERG IM HINTERGRUND LEBEN.«

TAGEBUCH

nennen, ab und an »in die Luft geht«. Auf Social Media gehen spektakuläre Fotos mit den »Likes« durch die Decke – die hier lebenden Sizilianer heben gerade mal den Kopf, wenn es mal wieder etwas lauter rumst. Nur bei den großen Ausbrüchen, wenn Lavaströme sich über die Hänge ergießen und den Ortschaften gefährlich nahekommen, werden die Schutzheiligen aus den Kirchen geholt, um sie an öffentlichen Plätzen aufzustellen, damit die Bewohner der kleinen Bergdörfer hier den Rosenkranz beten können. Tag und Nacht …

Am Ätna wurden mehr oder weniger erfolgreiche Techniken entwickelt, um Lavaströme aufzuhalten: mit Sprengungen von Löchern, in die die Lava hinfließen kann, mit Wasser und Schaufeln oder mit Betonblöcken, die vom Helikopter abgeworfen werden. 2002 haben sie leider nichts genutzt – die Seilbahnstation der Hochebene Piano Provenzano wurde zerstört und mehrere Häuser wurden von der Lava überflutet. Übrigens, auf dem Ätna kann man im Winter hervorragend Ski fahren, es gibt ganzjährig Eis unter der Asche und viele nur hier vorkommende Pflanzen und einige Tiere. Große Teile des mit 3357 Metern höchsten ausbrechenden Vulkans Europas und viele seiner knapp 400 Seitenkrater sind seit 2013 als UNESCO-Weltnaturerbe geschützt.

Vor etwa 3000 Jahren entstand der Ätna in seiner heutigen Form, mit einer Fläche von rund 1250 Quadratkilometer und einem Umfang von circa 250 Kilometern. Damals waren die Ausbrüche noch gewaltiger als heute und zerstörten mehrmals die in der Antike gegründete Stadt Catania. Mittlerweile wissen die Menschen des Mongibello, wo sie mehr oder weniger gefahrlos siedeln können. Die Bewohner profitieren von der fruchtbaren Erde, die nicht nur die besten Weine der

LINKS: Entlang der Störungszonen treten auch oft starke Erdbeben auf. Mehr als 100 000 Menschen starben 1908 beim Beben von Messina. Mehr als 97 Prozent der Sizilianer sind römisch-katholisch, viele beten bei drohenden Katastrophen zu den Schutzheiligen. Ihnen zu Ehren werden auch viele Feste gefeiert, wie hier in Trecastagni.

Welt schenkt, sondern auch hier angebaute Pistazien weltbekannt gemacht hat und dem Gemüse eine besondere Note verleiht. Und auch wenn die Anwohner oft über den Ascheregen fluchen, den sie wieder von den Hausdächern entfernen müssen und für den es extra umgebaute Schneeräumfahrzeuge gibt, insgeheim sind alle stolz auf »ihren« Vulkan. Egal, ob es Maria »Lelle« Sordelli ist, die nur einmal in ihrem 90-jährigen Leben am Vulkan war, oder der fröhliche Gino, der mehrere Jahre auf Weltreise war und nun fast jeden Tag auf dem Ätna steht. Er bietet Achtsamkeitsreisen für Touristen an, »weil der Vulkan so viel über das Leben lehrt«. Auch Gaetano, der junge Sommelier mit den lustigen Locken, ist extra aus Australien wieder in seine Heimat zurückgekehrt, weil es hier die besten Weine gibt.

Dass es hier das beste Essen der Welt gibt, steht für alle Sizilianer fest, vor allem aber für Ninni, der nur Zutaten verwendet, die auf fruchtbarem Vulkanboden gewachsen sind. Um mich von der Qualität zu überzeugen, macht er mir noch um Mitternacht ein frisches Eis aus handverlesenen Pfirsichen. Auch seine Frau Lella liebt den Vulkan, sie lebt davon: Die bildschöne Designerin stellt Schmuck aus Lavasteinen her, den sie teuer in die Schweiz verkauft.

Der deutsche Wissenschaftler Boris hat sich vor mehr als 30 Jahren in Ätna verliebt und ist der kapriziösen Dame seitdem nicht mehr von der Seite gewichen. Für alle ist »Mamma Etna« nicht nur ein Berg, sondern eine Persönlichkeit. Wenn sie doch nur mal wieder fremdgehen würde …

RECHTE SEITE OBEN: Der deutsche Vulkanologe Boris Behncke lebt und forscht seit mehr als 30 Jahren am Fuße des Ätna. Er hat sich in den Vulkan verliebt, in eine tolle Frau, die er dort kennengelernt hat, in die Leute und das Leben in Sizilien. »Hier fühle ich mich zu Hause, hier bin ich glücklich.«

RECHTE SEITE UNTEN: Heute hat der Gemüsehändler Zucchiniblüten für Ninni Moschetto. Jedes Mal überrascht der Bärtige seinen Stammkunden mit anderen frischen Produkten von den Hängen des Ätna, über deren Qualität lange philosophiert wird. Die Gerichte werden von dem bestimmt, was saisonal in der fruchtbaren Vulkanerde wächst.

RECHTS: Seit einem Jahr ist Gaetano wieder aus Australien zurück, wo er als Sommelier ausgebildet wurde. Er hat sich bewusst dazu entschieden, wieder nach Hause zurückzukommen, weil der durch die Asche mineralhaltige Lavaboden die besten Weine schenkt. Jetzt arbeitet er im Weingut Murgo bei Zafferana Etnea.

BELLO E
POSSIBILE

RECHTS: Der 3357 Meter hohe Ätna hatte früher nur einen Krater, jetzt sind es vier: die Voragine, die Bocca Nuova, den Nordost- und Südostkrater. Bis vor kurzem war der Nordostkrater der höchste Punkt, seit 2021 ist »Süd-Ost« mehr als 20 Meter höher. Das kann sich aber schnell wieder ändern.

DIESE DOPPELSEITE: »Ich fühle mich als ein Teil von Mamma Ätna – gleichzeitig bin ich so winzig und hänge von ihren Launen ab. Wenn sie mich töten möchte, dann wird sie mich töten.« Damit das so schnell nicht passiert, überwachen Boris Behncke (links im Krater der Bocca Nuova) und seine Kollegen vom IGNV in Catania den gefährlichen Vulkan wie einen Schwerverbrecher. Vor allem der Südostkrater (oben) macht immer wieder Sorgen, er wird deswegen auch »enfant terrible« genannt. Naturführer Gino Moschetto ist bei seinen Exkursionen immer vorsichtig. »Ja, es ist gefährlich, mit dem Vulkan zu leben, aber er schenkt uns das Leben.«

VORHERIGE DOPPELSEITE: Der Vulkanführer Adriano di Piedro ist in einem kleinen Dorf am Ätna geboren und arbeitet auf der Insel Stromboli. Er lebt seinen Traum: »Hier bin ich frei, hier fühle ich mich ganz klein vor der Macht der Natur. Ich fühle die Energie - und versuche zu verstehen, was der Vulkan mir sagen will.«

RECHTE SEITE: Der Ätna ist ein Abenteuerspielplatz. Egal ob zu Fuß, mit dem Mountainbike, mit dem Elektrorad, Gleitschirm, Helikopter oder bequem mit der Seilbahn, jeder kann den Vulkan auf seine Art entdecken und erleben. Nur in der Dunkelheit, da trennt sich der Abenteurer vom Touristen, die Nacht hier oben erleben nur wenige.

»WENN DIE SONNE UNTERGEHT, BEGINNT MEINE LIEBSTE ZEIT AM ÄTNA. DANN WIRD ES RUHIG AM BERG – ICH KANN DIE STILLE HÖREN. ES IST AUCH OFT KALT UND UNGEMÜTLICH – MAN MUSS SEINE KOMFORTZONE VERLASSEN. ABER DAFÜR BELOHNT DIE NATUR IMMER …«

TAGEBUCH

LINKS: Bei Minusgraden harrte ich knapp zwei Stunden in der Kälte aus, um diese Aufnahme zu machen. Sie entstand aus mehr als 400 Einzelbildern. Erst als ich das fertige Foto betrachtete, fiel mir die herzförmige Wolke auf.

»UNTER MIR FUNKELT DIE STADT. WIE VIELE CATANIER WAREN SCHON HIER, HABEN DER ERDE BEIM WERDEN ZUGESCHAUT, IHRE FÜSSE AN DER LAVA GEWÄRMT? MEINE FREUNDE, MIT DENEN ICH HIER BIN, BRENNEN FÜR DAS GLEICHE WIE ICH: FÜR DIE URKRAFT DER ERDE.«

TAGEBUCH

DIESE DOPPELSEITE: Eine Nacht unter Freunden: Gemeinsam mit den wunderbaren Fotografen Flavio Privitera (links unten), Alberto Uccellatore und Dario Lo Scavo verbringen wir eine magische Zeit am Lavastrom, der nicht nur ein großartiges Fotomotiv ist, sondern sich auch gut dazu eignet, mitgebrachtes Essen wieder aufzuwärmen. Ninni Moschetto (links oben) freut sich riesig darüber, den gefährlichen Abstieg ins Valle del Bove geschafft zu haben und das Erlebnis mit seinem Sohn Gino teilen zu können. Im Laufe der Nacht fließt die Lava immer schneller und die Spalte öffnet sich weiter.

FOLGENDE DOPPELSEITE: Während an den Hängen des Ätna schon Frühling ist, liegt auf dem »Mongibello« noch Schnee. Wenn das Thermometer auf Meereshöhe 25 Grad zeigt, ist es am Ätna meistens um den Gefrierpunkt. In einer guten Saison kann man mehrere Monate Ski fahren.

STROMBOLI – DIE FEUERINSEL

Blaues Meer, auf dem Segelboote auf und ab schaukeln. Weiße, gedrungene Häuser mit farbigen Türen und Fenstern, eingebettet in sattes Grün. Kaktusfeigen locken, Weintrauben hängen in Hülle und Fülle an den Reben. Überall sprießen wilde Kapern aus der Erde, in der Luft liegt der Duft von Jasmin. Rhododendron blüht in allen Farben. Die Bougainvillea will mit der Pracht mithalten und kommt in unzähligen Schattierungen vor. Über allem thront der mächtige Vulkan, heute mit einer weißen Dampfwolke, die wie ein freundlicher Gruß scheint. Willkommen auf Stromboli.

LINKE SEITE OBEN: Kleiner Berg ganz groß: Der winzige Felsen weit draußen im Meer ist Strombolicchio, vermutlich der Vorgänger des Strombolis. Der ist heute 962 Meter hoch und steht im Meer wie ein Kegel in der Badewanne. Würde man den Stöpsel ziehen, könnte man sehen, dass der Feuerberg sich fast 3000 Meter vom Meeresgrund erhebt.

LINKE SEITE UNTEN: Dreh- und Angelpunkt: Vor der Kirche San Vincenzo Ferreri trifft man sich für Granita-Eis in der Bar Ingrid, verabredet sich für die Wanderung zum Vulkan oder kauft ein bei »Totem Trekking«. Auf der Insel dürfen nur Elektro-Minitransporter und Dreiräder sowie Motorroller fahren.

A ich die Insel zum ersten Mal betrat, fühlte ich mich, als würde ich nach Hause kommen – obwohl ich noch nie hier gewesen war. Manchmal hat man einfach solche Seelenorte. Später sollte mir klar werden, dass nicht die Insel, sondern die Menschen mir dieses Gefühl vermittelt haben.

Hier entstand auch die Idee zu diesem Buch. Nachdem ich einige Zeit auf Stromboli verbracht hatte und wunderbare Personen kennenlernen durfte, wurde mir bewusst, warum ich mich hier so aufgenommen fühle: Die Menschen respektieren die Naturgewalt, mit der sie tagtäglich leben. Diese Verbundenheit mit der Erde kannte ich bisher fast nur von meinem Leben mit den Urvölkern am anderen Ende der Welt, aber nicht in Europa. Und doch – hier haben die Bewohner eine tiefe Ehrfurcht vor der Natur: Der Vulkan kann in einem Moment alles nehmen und zerstören, wie 2019 beim letzten größeren Ausbruch, als er ein Menschenleben forderte und die Ortschaft Ginostra mit Asche bedeckte. Zugleich gibt er die fruchtbare Erde und beschert den Tourismus, der den 380 Insulanern ihr Einkommen ermöglicht: im Sommer. Im Winter ist die Insel menschenleer, in Ginostra leben nur 30 Menschen das ganze Jahr über. Es sind Sinnsucher, Aussteiger,

OBEN: Die Lava gleitet die die Feuerrutsche »Sciara del Fuoco« hinunter und kühlt mit einem lauten Zischen und einer Dampfwolke im Meer ab. Gleichzeitig spuckt der Vulkan aus allen Schloten. Es ist selten, dass man diese sogenannte effusive und explosive Tätigkeit zur selben Zeit beobachten kann.

Opportunisten, die sich durch Touristenströme im Sommer Reichtum erhoffen, oder ganz einfach Menschen, die dort geboren sind und nichts anderes kennen als das Leben mit dem Vulkan, der schenkt, aber auch nimmt. Hier scheinen die Uhren anders zu ticken. Viel langsamer, gemächlicher, im Rhythmus der Natur und des Vulkans, der das Leben bestimmt.

»STROMBOLI IST FÜR IMMER. AUCH WENN DU DICH VON DER INSEL ENTFERNST, HÄLT SIE DICH MIT EINER SCHNUR AN SICH GEBUNDEN, DIE NIE REISST UND DICH IMMER NACH HAUSE FÜHRT, IMMER ZURÜCK ZUM MITTELPUNKT DER ERDE.«

LEO, FILMEMACHER

Gekrönt wird diese besondere Atmosphäre von Stromboli, der jede Nacht den Himmel über den Dörfern glühen lässt. Der Feuerberg ist laut Forschern seit der Antike aktiv. Seitdem leben die Menschen mit dem Vulkan. Sie nennen ihn respektvoll »Iddu«: »Er«.

Die Insel war seit jeher wichtig, nicht nur wegen der günstigen strategischen Lage für den Handel, sondern auch wegen ihrer fruchtbaren Böden zum Weinanbau. Doch 1930 wurden die Menschen daran erinnert, dass sie mit dem schlafenden Ungeheuer leben. Der Vulkan brach plötzlich aus und erzeugte einen pyroklastischen Strom, eine Glutlawine, die Menschen das Leben kostete und Häuser zerstörte.

Zugleich setzte die Reblaus den Weinreben zu und so zog es viele Strombolianer in die Ferne, unter anderem nach Australien. Erst 1949 wurde durch den Film *Stromboli* von Roberto Rossellini mit Ingrid Bergman die Insel wieder attraktiv und der Tourismus hielt Einzug. Bis heute ist er die Haupteinkommensquelle der meisten Menschen.

Ich muss gestehen, auch mich hat die Sensualität der Insel gepackt. Ich empfinde tiefer, ehrlicher und aufrichtiger. Wahrhaftiger. Während der Corona-Pandemie konnte ich zwei Jahre lang keine Vulkanluft schnuppern – bis ich nach Stromboli kam. Ich hatte viel gearbeitet, mir keine Auszeit gegönnt, wäre fast im Hamsterrad gefangen worden. Doch hier bin ich aufgewacht, wieder aufgeblüht und

LINKS: Der YouTube-Kanal von Leonardo Nardi Utano heißt übersetzt »Ich erzähle dir von Stromboli«. Mit ganz viel Herz gibt er den Menschen der Insel eine Stimme und macht Filme, die unter die Haut gehen. Gerade spricht er mit den Vulkanführern Manuel und Adriano von Magmatreck über ihre besondere Beziehung zum Vulkan.

habe zu mir selbst und meiner Leidenschaft, den Vulkanen, zurückgefunden. Hier habe ich Menschen kennenlernen dürfen, die mich ungemein inspiriert haben. Indem sie so sind, wie sie sind.

Die verrückte rothaarige Roberta, die freizügig ihre Brüste zeigt und ihre Sexualität ungezwungen auslebt, die aber jeder ins Herz geschlossen hat, weil sie einfach so ist wie sie ist: ehrlich, lustig und unglaublich großzügig. Dann gibt es den Fotografen Sebastiano, der online der ganzen Welt fast stündlich Updates von der Insel beschert. Der Fischer Gaetano ist in jedem Film über die Insel zu sehen, hat aber nichts von seiner liebenswert schrulligen Art verloren. Man muss dem grummeligen Seebären mit seinem schneeweißen Rauschebart nur einmal in die Augen schauen, dann weiß man, welch tiefe Verbindung er zu Stromboli und zur Natur hat. Dann gibt es den hübschen Vulkanführer Manuel mit den träumerischen Augen, der hier aufgewachsen ist, mit seinem Vater gemeinsam fast jeden Ausbruch gesehen hat und nun sein Wissen und seine Erfahrungen an die Touristen weitergibt. Der weißhaarige Mario mit den gelebten Händen war in der ganzen Welt, unter anderem im australischen Outback, hat sich aber für ein Leben in Ginostra entschieden. Leo sammelt und bewahrt Geschichten der Menschen auf Stromboli, und der durchtrainierte Adriano mit den wuscheligen Haaren träumt davon, als erster Mensch der Welt nachts mit dem Mountainbike einen aktiven Vulkan herunterzufahren.

Und ich? Ich träume insgeheim davon, hier länger sein zu dürfen. In dieser Oase der Ruhe, so nah an dem Europa, das ich kenne, und doch so weit entfernt. Könnte ich für immer am Fuße des Iddu leben, auf dieser kleinen Insel, wo jeder jeden kennt, das tägliche Leben mit dem Austausch von Gefallen verbunden ist, wo die einfachsten Dinge ihre Zeit brauchen und wo alles wie in Zeitlupe abzulaufen scheint?

Ich weiß es nicht. Träumen davon kann ich in jedem Fall. Und immer wieder dorthin reisen. Zum Iddu und seinen Menschen, denen ich so viel verdanke.

»DER VULKAN MACHT SICH BEMERKBAR. NICHT NUR FÜR DEN HÖR- UND SEHSINN. DU SPÜRST SEIN GEBRÜLL DURCH DIE ZITTERNDEN FENSTERTÜREN, DURCH DIE VIBRIERENDEN GEMÄLDE, DURCH DIE KOCHENDEN SINNE.«

ROBERTA DENTI,
EROTIKJOURNALISTIN

RECHTE SEITE OBEN: Der Fischer Gaetano Cusolito ist stolz auf seine Familie, sein historisches Haus und vor allem darauf, im Einklang mit der Natur und den Elementen leben zu können. Ich habe ihn oft beobachtet, wie er kleine Fische oder im Netz verfangene Krabben liebevoll ins Meer zurückgebracht hat.

RECHTE SEITE UNTEN: Roberta nennt sich fallifelici auf Instagram, »Mache sie glücklich« oder »glückliche Phallusse«. Sie schreibt über Sex, Selbstbefriedigung und darüber, dass sie polyamorös ist. Sie war mit zwei Männern gleichzeitig verheiratet und lebt und liebt heute so oft es geht auf Stromboli.

DIESE DOPPELSEITE: Die Arbeit der Fischer ist hart. Bei Wind und Wetter fahren sie mit kleinen Holzbooten ohne moderne Instrumente auf die offene See, auf das tyrrhenische Meer hinaus. Sie müssen die Zeichen der Natur lesen, sonst fängt man keine Fische. Oder man kommt nicht mehr zurück. Stromboli ist einer der Orte, wo man jeden Tag spürt, dass die Natur das Sagen hat. Demnach landet mal mehr, mal weniger im Netz. Das ist übrigens mit besonders großen Maschen, damit die kleinen Fische durchschlüpfen können. Schließlich muss auch etwas für die Kinder übrigblieben – viele, die hier geboren sind, wollen auch bleiben.

»GOTT SEI DANK HAT DAS MEER MIR IMMER NAHRUNG GEGEBEN, ICH HABE FÜNF KINDER UND HABE SIE ALLE DURCHGEBRACHT. WIR MÜSSEN VORSICHTIG MIT DEN FISCHBESTÄNDEN UMGEHEN, SONST BLEIBT BALD NICHTS MEHR ÜBRIG.«

GAETANO CUSOLITO, FISCHER

RECHTE SEITE: Ziegen sagen Ausbrüche vorher: DAMN (Disaster Alert Mediation using Nature) nennt Martin Wikelski, Direktor am Max-Planck-Institut Radolfzell, sein Projekt. Er hat beobachtet, dass Ziegen vor einem Vulkanausbruch besonders unruhig sind, lange bevor die Messinstrumente der Vulkanologen anschlagen. Er vermutet, dass die Tiere die aufsteigenden Gase riechen.

LINKS: Größere Vulkanausbrüche können einen Brand verursachen, die die buschige Mittelmeervegetation zerstört.
Die Kapern freut es. Dieser langlebige Strauch, der bis 50 Jahre alt werden kann, ist weit im Boden verwurzelt und treibt schnell wieder aus. Man isst die eingelegten unreifen Blütenknospen.

»ES EXISTIEREN VIELE ANEKDOTEN, DASS TIERE KATASTROPHEN WIE ERDBEBEN ODER VULKANAUSBRÜCHE VORHERSEHEN KÖNNEN, ABER KAUM SYSTEMATISCHE STUDIEN. ALS WISSENSCHAFTLER WIRD MAN SCHNELL ALS WÜNSCHELRUTENGÄNGER ABGETAN.«

MARTIN WIKELSKI, BIOLOGE

»DIE WELT WÄRE BESSER, WENN JEDER MENSCH EINMAL EINEN VULKANAUSBRUCH ERLEBEN DÜRFTE. DIESE URKRAFT DER ERDE ZEIGT MIR, WIE KLEIN UND ZERBRECHLICH ICH BIN, UND DASS ES EIN GROSSES GESCHENK IST, DASS ICH DENNOCH DA SEIN DARF.«

TAGEBUCH

DIESE UND FOLGENDE DOPPELSEITE: Ich weiß nicht, wie oft mir auf Vulkanen dieser Welt die Bedeutung des Wortes Leidenschaft bewusst wurde. Wie oft ich fast von Bomben getroffen wurde, fast verbrannt wurde, fast erfror, fast abstürzte, fast erstickte. Am Stromboli kann man bei einer Pizza mit einem leckeren Wein auf die Ausbrüche anstoßen. Dolce Vita mit Vulkan. Das Leben könnte so einfach sein! Aber dann zieht es mich doch wieder hinaus, diesen extra Schritt aus der Komfortzone zu tun und mich ins Abenteuer zu stürzen. Der nächste Vulkanausbruch wartet!

DIE VULKANE

— ▲ —

VANUATU

— ▲ —

Yasur und Benbow
Lage: Vanuatu, Südsee
Höhe: 361 Meter (Yasur)
und 1159 Meter (Benbow)

Besonderheit: Der Yasur ist ein »Dauerbrenner« und im Benbow befindet sich der tiefste Lavasee der Welt.
Bewohner: Ni-Vans
Gelernt: Dass man Zeit und viel Leidenschaft braucht, um seine Träume zu verwirklichen.

PAPUA-NEUGUINEA

— ▲ —

Tavurvur
Lage: Ostneubritannien, Papua-Neuguinea
Höhe: 688 Meter

Besonderheit: Das Vulkanhuhn, das den Bewohnern Ausbrüche vorhersagt.
Bewohner: Tolei
Gelernt: Dass nach jedem Schicksalsschlag irgendwann alles wieder gut wird, man muss nur geduldig und ausdauernd sein.

INDONESIEN

— ▲ —

Merapi und Kawah Ijen
Lage: Java, Indonesien
Höhe: 2914 Meter (Merapi)
und 2769 Meter (Ijen)

Besonderheit: Die Aufopferung der Menschen für ihren Vulkan.
Bewohner: Javaner
Gelernt: Dass man seine Pflichten im wahrsten Sinne des Wortes nicht todernst nehmen soll.

KONGO

Nyiragongo
Lage: Goma, Demokratische Republik Kongo
Höhe: 3470 Meter

Besonderheit: Die Bewohner von Goma leben auf dem Pulverfass – Krieg, Vulkan und giftige Gase.
Bewohner: Kongolesen
Gelernt: Dass wenn es darauf ankommt, die Natur wieder alle vereint.

USA

Mount St. Helens
Lage: Bundesstaat Washington, USA
Höhe: 2539 Meter

Besonderheit: Der Vulkan erschafft Gletscherhöhlen.
Bewohner: Keine
Gelernt: Dass ein tolles Team alles möglich machen kann und dass Klomauern aus Eis in der Sonne schmelzen.

CHILE

Ojos del Salado
Ort: Atacama-Wüste, Chile
Höhe: 6893 Meter

Besonderheit: Höchster aktiver Vulkan der Erde
Bewohner: Inka (13. bis 16. Jahrhundert) und Chilenen
Gelernt: Dass eine Hochzeitsreise bei minus 20 Grad die beste Idee der Welt ist und dass ich Fanatismus nie verstehen werde.

ISLAND

Fagradalsfjall
Lage: Halbinsel Reykjanesskagi, Island
Höhe: 385 Meter

Besonderheit: Touristenvulkan
Bewohner: Keine, aber von Millionen von Touristen aus der ganzen Welt besucht.
Gelernt: Dass jeder Mensch Vulkane anders wahrnimmt, aber dass sie jeden verändern.

SPANIEN

Cumbre Vieja
Lage: La Palma, Kanaren, Spanien
Höhe: 1949 Meter

Besonderheit: Vulkaneruption mit dem höchsten wirtschaftlichen Schaden in neuerer Zeit.
Bewohner: Guanchen und dort lebende Deutsche, Engländer und Spanier
Gelernt: Dass man sich nicht so sehr an Besitztümer klammern darf, sondern Erinnerungen auch mit dem Herzen festhält.

ITALIEN

Ätna und Stromboli
Lage: Sizilien, Italien
Höhe: 3357 Meter (Ätna) und 926 Meter (Stromboli)

Besonderheit: Der Ätna ist der höchste ausbrechende Vulkan der EU und der Stromboli ein Dauerbrenner.
Bewohner: Sizilianer und etwa 380 »Strombolianer«
Gelernt: Dass es auch in Europa noch Orte gibt, die der Kraft der Natur ausgeliefert sind, und dass es auf Sizilien das beste Essen der Welt gibt.